U0358042

宿州历史文化丛书

宿州地域自然灾害历史大事记

张鹏程　张登高／主编

副主编／王成俊

参　编／欧兴安　赵成金　杨秋菊

宿州市档案局（馆）
宿州市地方志办公室　／编

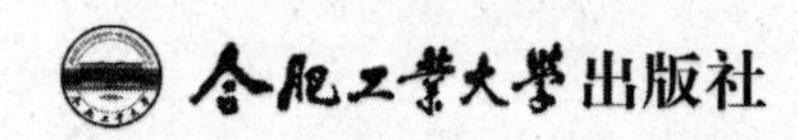

例　言

一、本书是一种编年大事记体例的史料汇编。以记事本末体将各种自然灾害分属类别、发生的时间、地域、灾情状况及产生的后果影响等相关要素记述交代清楚，以求真务实的精神，向读者传递较为准确可靠、有参考借鉴价值的相关信息。

二、本书收录的各种自然灾害事件，上自史前远古，从“五帝”开始，下迄1949年中华人民共和国成立。共和国成立后的时段按一般常规被称为“当代”，故这一时段发生的各种自然灾害没有列入收录范围。此外，本书各类自然灾害收录的地域范围，仅以今宿州市所辖县区地域为限。今宿州市所辖县区在历史上隶属关系多变，区域范围面积也多有盈缩增减，古今宿州涵盖范围大有不同，故以“宿州地域”涵盖今宿州市全境。

三、本书以各种自然灾害发生的时间先后为序，以其发生的公元纪年为条目。为便于读者了解各种自然灾害发生当时所属的历史时期等有关信息，故在公元纪年条目后，用括号加注其历史纪年，表明具体年代时间。至于各种自然灾害所发生的季节、月份、日期，则以农历月日记述。

四、各种自然灾害的史料采集来源是《二十四史》《中国灾害通史》与相关省市县地方灾害史等正史典籍及本地域和周边地区所编纂的历代州府县志等。至于民间传说择优收录。

五、历代史书典籍及相关历史资料所收录的各种自然灾害，基本都是文言文，高度概括，非常笼统简略，且多以定性语言论述，缺少发生时日、受灾地域面积、受灾人口、人员和财物损失、灾害后果影响等各种具体数值的定量分析记述。为便于读者阅读理解，采用规范的语体文记述体，对于灾情状况及后果影响，限于史料匮乏及各种条件因素，也只好以模糊语言笼统概述或略而不记。编纂此书的目的，是想为广大读者提供一个本地区各种自然灾害发生的大致轮廓，使大家对之有基本的了解与初步的认识。至于文字用语不够准确科学、记述不当乃至挂一漏万及诸多失误，当在所难免。还望广大读者多加斧正并予以谅解为盼。

前　言

人类是大自然的产物，且是自然界中一个具有主观能动性的极为重要的因子，其生存与发展和自然环境密不可分。自然界为人类社会的生存和发展提供了所必需的物质基础，同时也是人类社会调适、改造和治理的对象。大自然在其发展演化过程中有着自身客观存在的相对规律、周期性，它不以人类社会的意志为转移。当其发展演化进程和人类社会生产生活活动相协调，成正相关方向发展时，即为常态化的正常现象。然而大自然在发展演化过程中，在其总趋势、总规律周期性不变的情况下，也常常会出现一些波动或突变的异常现象，且这些波动或异常现象又会给人类社会生产生活带来危害，甚至是危及人类生命财产安全，干扰阻止人类社会经济发展进程，这就成了自然灾害。

自然灾害和人类社会相伴而行，从人类诞生之日起就一直伴随着人类社会发展的进程，它就像潜伏在人类社会肌体上的一颗毒瘤，时时刻刻都对人类生命财产的安全、人类社会的发展构成严重的威胁。人类要生存发展，就必须同危及自身生存的各种自然灾害做斗争，趋利避害，逐步创造适合自己生存的客观环境，安全空间。可以说，一部人类社会发展史，也就是人类社会不断同各种自然灾害相抗争的历史。自然灾害的发生，看似突然、偶发、不可抗拒，人类无法影响和改变，其实则不然，自然灾害作为一种自然现象，作为自然界中一个组成因子，它也应受到自然界中其他各因子，诸如宇宙、银河系、太阳系与地球之间，地球自身的大气层、气候环境、地质构造、生物构成、人类活动等宏观上的各种因子间相互作用、影响变化而变化，也是有其相应的发生、发展和变化的规律、周期可寻的，也是可以预测、预防或采取相应的应对措施，减轻或缓解其危害程度和影响的。因而，认真深入地研究自然灾害发生的成因和历史现状的变化，逐渐把握其发生发展的规律周期，进一步提高我们防灾、抗灾、减灾的能力，就成了当前推动物质文明、精神文明和生态文明建设，全面建成小康社会过程中的一项十分必要、紧迫而又现实的重要任务。

一

自然灾害是自然界的客观存在，它和人类社会是一对既对立又统一又相互依存的矛盾体。自然灾害的发生，不以人们的意志为转移，给人类社会带来灾难危害，也是其必然的结果。然而随着人类社会的发展，人类活动范围的不断扩大，人类自身需求越来越大，为了使自然界更适合人类社会的发展需求，又不得不更加努力地对大自然进行治理改造，以期使之更加符合人类社会的意愿，对危害人类生存环境的自然灾害进行抗争。这种人为的对自然界的改造治理，对自然灾害的应对斗争，尽管也会部分地满足人类社会的需求，或是在一定程度上预防或减低了自然灾害对人类社会的危害，然而也应看到人类的这些活动，对自然界而言，也是一种对其正常发展演化规律周期的干扰和破坏，又必然会引起自然界的反弹，或以一种新的方式形态来回应人类社会，造成新的危害。比如人类为了向自然界索取更多的食物、物资，不能科学合理地开发利用大自然，毫无节制或有选择地开荒种田，过度放牧，乱挖乱采矿产资源，导致森林植被的破坏，地形地质构造的变化失序，从而引发了水土流失、泥石流、山体滑坡、草原沙漠化、地层塌陷等自然灾害。人类为了进一步提高农作物产量，大量使用农药化肥，从而杀死了有益农作物生长的许多微生物、病虫害的天敌，土壤酸碱度失衡、板结，又有新的病虫害发生。人类为了更好地开发利用河流水资源为农业灌溉、航运、发电及城市、工业用水服务，筑坝建闸进行拦堵蓄泄调节，人为地改变河流的自然流向及宣泄空间，然而当河流来水因上游的降雨或集水量的骤然巨变，来洪能量巨大，人工闸坝无法承受之时，就会引发毁闸溃坝，暴发更为巨大惨重的洪水泛滥或地质环境灾难。再如伴随着现代科技的发展进步，工业现代化进程的加快提高，人类社会改造治理大自然的技能、措施和力度等也有了大幅度的改善提高，但也引发了大气污染、河流湖泊的水体污染，耕地土壤毒化及雾霾等各类自然环境污染破坏的新的灾害。人类社会又不得不认真面对自然界新的挑战。

目前，中国关于自然灾害，尤其是自然灾害史方面的研究，基本上还是停留在以气候灾害为主体，尤以农业生产和农村社会生活为重点的层面，如洪涝、干旱、风灾、冰雹、霜雪寒冻、病虫害、疫病等。其他如海啸、火山喷发、陨石、太阳耀斑、太阳风暴等地球地质构造、宇宙行星方面的突发性灾难及工业现代化进程中所引发的各种自然灾害，目前还只是略有涉及，基本上还局限在专业部门及人员的层面。相对而言，地震是社会大众层面接触较多的灾害，所以普及层面的自然灾害研究一般也把地震灾害列入其间。气候性自然灾害的发生发展主要因素是地球气候变迁的宏观周期，区域所在的地球纬度、所处的气温带，地理地形环境、大气环流、季节月份等方面。由于相关因素的构成不同，相互影响的作用大小亦有不同，其自然灾害发生发展的概率、频次、规模范围、危害程度也就会有所不同。如海啸灾害发生于沿海海岸地区，内陆地区就不会有；泥石流、山体滑坡等灾害发生于山区丘陵地带，平原地区就不会有；再如，当地球气温变化处于寒冷或温暖大周期的不同时期及寒冷、温暖变换波动期，自然灾害的发生发展也有所不同。一般说来，地球气温处于寒冷期时，全球性干旱气候发生概率就比较多些；反之当地球气温上升，处于温暖期之时，水灾洪涝发生的概率就相对多些。当太平洋环流水温发生变化，突然升高或是降低，出现厄尔尼诺现象或拉尼娜现象，全球气候也会随之发生异常变化，或是闷热多雨，或是酷寒干旱。由此可见，各种自然灾害的发生发展也是有一定的脉络线索、相应的规律周期可追寻的。把握其发生发展的规律、周期动向，也就可以做出相应的预测、预防措施，化解或减轻灾害所造成的危害。就局部地区而言，由于其所处的区位环境、气候特点、地形地貌的不同，构成自然灾害发生发展的相关因素相互作用影响的程度不同，其自然灾害发生发展的规律周期也会有所变化。

从自然灾害发生发展的历史规律及周期性变化来看，其具有如下几个方面的特征。

一是绝对性和相对性。人类源于自然界，也是自然界的重要组成部分，必然要受自然规律的支配影响和制约，绝不能“跳出三界外，自行其事”。虽然人类具有主观能动性，在认识自然、改造自然的能力随着社会发展、科技进步有所增强，但在自然界面前，人类永远不能达到自由王国的境界，达不到完全控制自然界演化运行进程的地步。因此，自然灾害永远不能完全消除，将会和人类社会相伴始终，这就是自然灾害永远存在的绝对性。另一方面，由于人类社会长于发挥自己的主观能动性，在认识自然灾害、防灾抗灾能力的增强、自然环境治理改造水平的提高，各种自然灾害发生发展的类型、概率和危害程度也会相应地有所变化，相对地减少、减轻或化解危害。这就是自然灾害在人类社会活动的干预下具有相对性的一面。

二是具有自然和社会的双重互动性。自然灾害作为一种自然现象，只有作用于人类社会，对其发展造成危害影响才称之为灾害。自然灾害既离不开自然界，也离不开人类社会，所以说具有自然、社会的双重性。当自然灾害发生时，人类社会就会自觉地面对挑战，采取相应的对策措施进行斗争抵抗，治理改造，减少化解其危害程度。人类社会这种对自然灾害的认识控制能力，对其发生发展具有明显的反作用。随着人类社会的历史发展，文化科技的进步，社会组织能力的增强，物资储备的丰富，工程技术水平和器械现代水平的提高，且应对措施得当，这对于防灾、抗灾、减灾等都是十分有利的，可以有效地减少灾害的发生或是减少降低灾害的危害程度。反之，若是人类社会光凭借其主观意志或是物资技术优势，不能科学合理地开发利用自然资源，因势利导，变害为利，且愈为自然界或是自然灾害在其演化运行或是孕育生成过程中所蕴积的能量，有个充分释放的渠道空间，决策失误及疏导处置措施不当，就必然会引发自然界的强力反弹，引发更大的或是新的灾难。所以说人类社会活动和自然界演化运行，自然灾害发生发展若能形成良性互动，互为因果，相辅相成，就可以呈正相关方向发展，和谐共处，反之则会走向反面。所以说自然灾害具有自然界与人类社会相结合的双重性，也具有相互作用影响的互动性。历史上天灾总是与人祸相伴而行，因果相应，只是存在何者为主，孰轻孰重的问题，不存在纯粹的自然灾害。因此，人类社会要学会在防灾、抗灾、救灾的历史实践中认真总结经验教训，不断提高认识，不断增强抗御自然灾害的能力效应。

三是具有时间性和空间性特征。自然灾害作为一种自然现象是多种因素相互作用的结果，具有时空分布的特征。时间性表现为不同的历史阶段、年际、季度、月份，自然灾害发生的种类、频率也不尽相同；不同的地域、致灾因素、条件的差异，也使自然灾害发生的类型、范围有变化，都有相对的规律、周期可寻。中国绝大部分处于季风带，夏秋季雨水相对多些，容易发生洪涝雷电灾害，冬春季雨水相对较少，容易发生干旱灾害。不同的年际、不同的月份之间，灾害发生的种类频次也都会有所不同。在地域空间上差别变化更大。如沙尘暴、干旱多发生在中国北部干旱沙漠地区，淮河以南，尤其是长江以南的地区就比较少见；地震多发生于处于地壳、地层断裂带附近的地震多发区；台风灾害发生于东南沿海地区；青藏高原和新疆、东北地区就常发生冰雪灾害。所有这些都说明自然灾害的发生发展都具有相对的时空分布的特征，人类社会可以根据这一特征，在不同的时间段点，不同的地域建立不同灾种的重点监测防御体系，采取科学合理的应对策略措施，抵御化解灾害的威胁，减轻其危害。

二

宿州地域自古以来，就是一个传统的农业地区，农业是宿州人民赖以生存发展的基础和命脉。农业生产发展的好坏，收成的丰歉，直接关系到宿州人民能否安居乐业，经济能否发展，社会是否稳定。然而历史上的宿州地域，又是一个自然灾害多发的地区。自然灾害对其农业生产影响很大，有没有自然灾害，自然灾害的轻重程度，都将直接影响其农业收成。若是风调雨顺，无灾无害，五谷丰登，老百姓的日子就过得丰足踏实；倘若水、旱、虫、雹等各种自然灾害频繁发生，迭相侵害，农作物减产或绝收，老百姓就会心生恐慌，缺粮少衣，甚而是食不果腹，饥寒难耐，流离失所，日子过得艰难，社会也难得安宁。

为方便广大读者对宿州地域多发易发的各种自然灾害有基本的了解，现根据中华人民共和国成立以来宿州地域市县区各相关部门保存积累的有关统计资料、报表数据和研究分析成果附上宿州地域自然灾害种类，以供大家参考。

影响宿州市农业生产的自然灾害主要是旱、涝，其次是霜冻、寒潮、低温连阴雨、干热风、冰雹等。旱、涝出现的频率高，范围广，灾情超过其他自然灾害。据中华人民共和国成立以来的有关资料统计，涝年明显多于旱年，大涝年平均五年一遇，偏涝年三年一遇。大旱年十年一遇，偏旱年在局部地区几乎是年年有，北部多于南部，相对泗县较少，而砀山县较多。

1. 干旱

干旱在宿州市几乎每年都有发生。统计表明，平均每年干旱面积在5万公顷以下的年份占55.9%，5万~20万公顷的32.2%，20万公顷以上的占11.9%，最严重的干旱在1994年，全市成灾面积50万公顷。

2. 洪涝

绝大多数年份有大面积或局部洪涝灾害出现。统计显示，平均每年洪涝面积在5万公顷以下的占39%，5万~20万公顷的37.3%，20万公顷以上的23.7%。最严重的洪涝是1998年，全市成灾面积60万公顷以上。

3. 暴雨

全市各地暴雨日数平均每年有2.7~3.1天，主要集中在5—9月，其中6—8月各地暴雨日均在2天以上，最多月为7月，全市平均暴雨日1天以上。从统计结果看，灵璧站年暴雨日比其他各站多0.2~0.4天。

全市历年暴雨日数最多的是2003年的33天（站次），其次是1996年、2000年的28天（站次）；暴雨日数最少的是1975年的7天（站次），其中宿县、泗县全年没有出现暴雨。单站一年最多的是宿州的1996年，达到11天暴雨，其次是砀山县2003年的9天。

4. 连阴雨

主要有春季连阴雨、午季连阴雨和秋季连阴雨。春季连阴雨约4~6年一遇，南部多于北部，主要影响春播及小麦、油菜的开花授粉。午季连阴雨约3年一遇，主要出现在6月上中旬，影响午收和夏种。秋季连阴雨2~3年一遇，南部略多于北部，重点影响秋收秋种。

5. 冻害

冻害是冬小麦，蔬菜越冬农作物生产中的主要气象灾害之一，寒潮和霜是引起冻害的主要原因。冻害主要发生在初冬及春季的3月中旬至4月。近50多年来，较轻的冻害几乎每年都有发生，中等的冻害约2~3年一遇，偏重的冻害发生10次左右，平均约5年一遇。

6. 冰雹

各地年平均降雹次数1~3天，北部少，中部多。冰雹主要出现在4—7月，6月最多，几乎占全年的近一半；北部萧砀降雹比较集中，多数出现在5—6月。灵璧县1974年降雹多达11次，为全市之最。降雹时间主要出现在午后至傍晚，夜间及上午的冰雹极为少见。

7. 雷暴

雷电灾害是联合国列出的10种最严重的自然灾害之一。宿州市平均每年观测到的雷暴日数32.8天（约占实际发生的30%），属于多雷暴地区。有资料表明，每年平均有5起以上雷击事故发生。

8. 龙卷风

龙卷风几乎每年发生，造成人员伤亡的主要有：1989年7月10日，泗县大路口乡的邓圩等4个行政村，遭受龙卷风袭击，瓦房倒塌72间，砸死1人，重伤3人。1992年7月15日，泗县草沟镇遭受龙卷风袭击，死亡2人，伤51人。2005年7月30日，灵璧县韦集等5个乡镇遭雷雨、龙卷风袭击，16人死亡，51人受伤。2006年6月29日，泗县长沟朱彭小学遭龙卷风袭击，死亡2人，重伤4人，轻伤42人。

9. 大风

全市8级或8级以上的大风日数（风速≥17.2米/秒），宿州站最少，年平均1.9天，北部砀山县、萧县3.1~6.1天，东南部的灵璧县、泗县平均每年10～14天，是宿州站的5～7倍。平均每年风暴灾害造成5.2万公顷的农作物和蔬菜大棚受灾，经济损失高达22553万元。

10. 干热风

干热风是春末夏初出现的一种高温、低湿并伴有一定强度风力的气象灾害。干热风主要出现在5月下半月至6月5日，历年平均2～3天，呈北多南少态势。5月20日前后，冬小麦进入乳熟时期，对干热风危害特别敏感，此时干热风出现概率增大，各地平均每年1天以上的干热风日。

11. 大雾

大雾除影响人的身体健康外，主要影响交通安全。宿州大雾冬季最多，春秋季次之，夏季最少。主要分布特点是东部南部多，北部少，历年平均16～29天。2天以上的连续性雾平均每年出现1～2次，1月份最多，约占总数的三分之一；最长的一次9天，出现在泗县。

宿州地域自然灾害的发生发展，既和全球气候变化相关，也与国内生态环境的变化密切相关；既有和全球、全国宏观层面的自然灾害发生发展的规律、周期和其发生的必然性、偶发性、时空性及自然与社会双重互动性等方面的共性特征，也有宿州地域作为局部区域存在所独有的个性特征。之所以如此，这是由其独特的地理区位、自然环境所决定的，也是由其有别于其他地域的经济社会发展历程所决定的。

宿州地域位于皖苏豫鲁四省接壤的黄淮平原中东部偏南地区，正处于中国南北气候分界线的淮河秦岭一线北侧，属亚热带向暖温带过渡的半湿润季风区（淮河以南地区为亚热带，以北则属暖温带）。地处北纬33°18′～34°38′之间，属北纬中纬度偏南地区，高层为北纬西风带，低层季节性风向特征明显。冬春季节受北方西伯利亚冷高压的影响，多西北风或东北风，夏秋季节受太平洋热带副高压影响，多东南风。宿州地域东近太平洋，地貌为坦荡无垠的大平原，海拔相对较低，境内及周边并无海拔较高的高山峻岭阻滞大气环流的通行，因此，东南太平洋暖湿气流和西北利亚冷高压气流都可以按其既有路径畅行无阻，夏秋季节多于此处上空交汇，因而多雨水。而冬春季节，由于西伯利亚冷高压气流强劲南压，而太平洋暖湿气流则因北半球气温偏低而处于弱势，冷暖气流交汇区南移至淮河以南或长江流域的北亚热带地区，此处的降雨就相对减少。然而年际间同期的大气环流以及相对时间内热冷气旋的形成与行进路线由于受多种因素的影响，也并非是一成不变，毫无偏移的。当太平洋暖湿气团和北方冷高压气团交汇于宿州地域上空，且气流较强势，滞留时间也相对较长，就会使宿州地域出现大雨、暴雨或连阴雨天气，出现洪涝灾害天气的概率就会增大。反之若是冷热气流交汇区偏离了宿州地域上空，北移或南压了许多，宿州地域就不会有雨水降落。这类现象若迟滞时间长了，久晴无雨，宿州地域就会出现旱灾。再加上季风强弱的变化、太平洋洋流的变化和厄尔尼诺及拉尼娜等现象的干扰，在夏秋季节时冷暖气流原本多会在宿州地域上空交汇的现象飘忽不定，打乱了正常规律，从而就形成了宿州地域易涝易旱，灾难多发的异常现象，水旱灾害发生的概率达90%以上。就宿州地域宏观范围而言，几乎是年年都会有水旱灾害发生，只不过是空间范围有大小之分，灾害程度有轻重不同罢了，说其“十年九灾”一点也不为过。

导致宿州地域历史上洪涝干旱等类自然灾害易发多发的另一因素是由其特殊的地形地貌所决定的。宿州地域地貌以平原为主，占总面积的91%，低山丘陵台地仅占总面积的9%。看似广袤平坦的大平原，其实是高阜、洼地相间、大平小不平，地势是西北高、东南低，主要是由数千年来黄河因洪水泛滥从黄土高原带来的泥沙淤积而成。而后黄河主河道又于1128年至1855年间改道夺汴水、泗水、淮河入海，流经宿州地域七百多年。在此数百年间，黄河一次又一次的决口，彻底打乱了宿州地域原有的水系，使得目前宿州地域境内的大小河流，大多变为黄河泄洪河道，洪水冲积形成河滩洼地，两河之间又形成了河间高阜平原；原来的湖沼被淤成为大片的洼地；堤坝溃决处所形成的冲积扇，扇顶部高亢，扇尾处低洼。河道窄短且多被淤浅，宣泄不畅。历史上水利失修，水利设施跟不上，所以每遇大雨或连阴雨，积水因高阜、洼地相间的阻隔，难以排泄，必然形成内涝渍浸；而北邻苏北鲁南丘陵平原和豫东平原，海拔高程均高于本地域，故而每当这些地区遭遇大雨暴雨水灾，宿州地域就成了上游来洪客水的走廊，从而导致宿州地域洪涝灾害易发多发的又一重要因素。反之若遇干旱天气，又因境内河流短小窄浅，且多为季节性河流蓄水少，丰水、枯水期水量落差大，甚而是常常会干涸无水，若遇少雨干旱时又无水灌溉，从而导致旱灾发生。

蝗虫为害，这是宿州地域历史上除却洪涝、干旱以外的第三大自然灾害。其成因亦是与宿州地域所处的自然环境有密切关系。宿州地域周边附近有微山湖、洪泽湖和骆马湖等三个湖泊，这几个湖泊和宿州地域的距离为数十公里至一百多公里，境内又有许多小型河流、湖、塘等，这些湖泊、河塘的荒滩废地历史上都是蝗虫孳生繁殖的理想环境。蝗虫又是一种群体迁飞转移性的害虫。所以当微山湖、洪泽湖、骆马湖中任何一个地区大范围密集发生蝗虫为害时，都会直接威胁宿州地域农作物的安全。宿州地域历史上又长期属于黄泛区，河道湖塘荒滩废地多，容易暴发蝗虫灾害，故而蝗灾易发多发。其次是适宜的气候条件。宿州地域年平均气温偏暖，蝗虫一年可以繁殖两代。蝗虫又是以虫卵过冬跨年繁殖再次成灾的。如果冬季偏暖，虫卵成活率高，至次年春暖花开之时，蝗虫卵羽化成幼虫就多，反之就少。且蝗虫又是性喜偏旱气候，若遇干旱或偏旱季节，蝗虫就容易滋生繁殖，蝗虫密度就大。若遇多雨洪涝的气候，河湖荒滩虫卵寄生地被大片淹没，虫卵被淹死，蝗灾发生的概率就小。再者，大雨或暴雨对蝗虫幼虫还有意外杀伤作用。雨水多，低温高湿，河湖滩地被水面淹没，裸露面积大幅减少，既影响蝗虫发育成长，又影响蝗虫产卵繁殖，这些都会影响蝗灾发生的程度轻重。如若前年秋气候干旱，冬季又恰逢暖冬，次年气候亦属偏旱或干旱年成，蝗灾就有大暴发的可能。也许有人要问，宿州地域历史上也有一些洪涝刚刚过去，再遇干旱蝗灾并发的现象发生，这又为何？那是因为蝗虫具有群飞迁移性所致。宿州地域是年虽属多雨水的洪涝年成，不适蝗虫繁育，而毗邻地区若是偏旱，适宜蝗虫繁育，也会殃及宿州地区，给当地造成灾害。

宿州地域历史上自然灾害易发多发，尤其是水、旱、虫、风、雹、霜冻等类自然灾害频频相顾，是由其所处的地理区位、自然环境所决定的，也就是其区域的特殊性所决定的，必然也就带有别于宏观层面上的历史特征及相应的周期规律。一是自然灾害易发多发的必然性，宿州地域地处北纬亚热带向暖温带过渡的交叉边缘地带，又受地形地貌自然环境和季风变化等因素的干扰影响，易涝易旱。客观存在的自然规律，是不以人们意志为转移的，这是洪涝、干旱等类自然灾害易发多发的必然性。二是具有相对性，随着人类社会的发展进步生产技术和科技水平的提高，人们防灾、控灾、治理自然灾害的能力的增强，也可以有效地防治减轻自然灾害对人们生产生活的侵害袭扰，甚至可以完全消除某种类型的自然灾害，比如蝗虫给农业生产带来的危害。中华人民共和国成立以后，尤其是最近四五十年来，由于荒滩废地的充分开发利用，蝗虫失去了适合其孳生的环境，加之灭蝗技术提高，措施得当，宿州地域就基本未发生过造成农作物减产的大的蝗灾。由于水利设施建设治理水平的提高，排灌设施工程科学合理，新汴河和怀洪新河等工程的建成，解决了宿州地域洪水走廊的历史性难题，使得宿州地域洪涝灾害基本得以消除。但也有相反的例证，由于人们对自然改造治理的措施不当，人为地破坏河流流向，破坏了生态环境，从而加重了自然灾害的危害。如1128年，靖康之变后，南宋王朝以水代兵，在河南李固渡口决黄河以阻金兵南下，黄河从此改道，夺泗淮入海，使宿州地域数百年间洪涝灾害频发，深受黄泛之害，民众常常被冲淹得家破人亡，流离失所，苦不堪言。所以宿州地域各种自然灾害的发生发展也受到人类活动的影响，人类对自然生态治理、干扰而发生变化，具有其相对性的一面。三是在宿州地域内自然灾害的发生发展也存在着时空分布的不均衡特征。在时间性方面，宿州地域自然灾害的发生发展既有不同历史阶段、年际间的差异，也有年度中的季节、月份间的变化。在地域空间上各县区也有所不同。就以宿州地域年度中不同季节、月份时间段的降雨量、洪涝及干旱灾害发生概率来说其时空特征就很明显。宿州年平均降雨量是由东南向西北呈递减态势，东南部的泗县、灵璧年平均降雨量最高，近900毫米，西北的砀山县最低，平均728毫米。年均降雨量最为集中的是夏季的（6—8月）三个月，平均降雨量占全年降雨的54.5%。冬季的（12月至次年2月）三个月平均降雨量仅占全年的6.8%，因而宿州地域洪涝灾害多发生于夏季或是春夏之交和夏秋之交。如果算上春夏之交的5月和夏秋之交的9月，从5月至9月的五个月中，年平均降雨量约占全年的 71% 左右，因此洪涝灾害的发生率也是七成以上集中在这五个月。而旱灾多发生于冬季或是冬春和秋冬之交。就地域而言，西北部的砀山和萧县，由于年均降雨量少，其发生干旱灾害的概率就比东南部的泗县、灵璧年均降雨量多的地方相对较多；反之西北部的两县洪涝灾害发生概率就比东南部的两县相对较少。因此，宿州地域的自然灾害在时空分布上各县区之间也有着非常明显的差异。

三

不同的历史阶段，宿州地域的自然灾害亦呈现出不同的态势特征。

（一）先秦时期，在距今 8000 年至 4000 年左右，即中国史前自青莲岗仰韶文化时期至夏代之前的龙山文化末期，全球大气候处于温暖湿润期，年平均温度要比现在高出 2℃ ~3℃，在中国东部地区亚热带和北温带分界线至少要北移至今山东兖州一线，有的学者甚至认为可能北移至今北京、天津一线，和现代相比至少要北移四五百公里乃至更多。但不管亚热带地区北缘是在山东兖州一带，还是在京津地区，地处黄淮地区中东部偏南地区的宿州地域，在此期间都处于亚热带湿润季风区，年平均降雨量普遍比现代多 100 多毫米左右，此期间华北平原东部沿海地区曾先后数次发生海平面上升海侵现象，海岸线在龙山文化末期曾西进到今江苏泗洪、盱眙一线，宿州地域东部的泗县、灵璧及中部的埇桥局部地区大多成为滨海的滩涂、泻湖、沼泽地区。在距今约 4500 年至 4000 年左右，即中国龙山文化末期，由于大气环流的嬗变，形成全球性北半球中纬度地区长期暴雨连绵，海平面升高，海泛浸吞陆地，暴雨成灾，洪水泛滥。在中国包括宿州地域在内的中原地区，则是“汤汤洪水方割，荡荡怀山襄陵，浩浩滔天”（《尚书·尧典》），到处都是“洪水横流，泛滥于天下，九州淹塞，四渎壅闭”的悲惨景象，是故前有共工、鲧以筑坝堵塞治水失败，后有鲧子大禹汲取前辈教训，以疏导为主，“疏九河，通四海”治水成功的传说。大禹受命治水，亲持耒臿联合带领各部落人民，沐雨栉风十三载，三过家门而不入，终于战胜了滔滔洪水。大禹治水主要活动区域为华北大平原，包括宿州地域在内的黄淮地区。从禹娶徐夷部族涂山氏女为妻，就表明大禹是以夏部族和徐夷联姻的方式结成巩固的部落联盟，并以此为核心和淮夷等东夷九族及其他部族建立治水联盟共同体。据史料考证，禹娶涂山氏女所属的徐夷部族活动中心就在今安徽省怀远地域。怀远地处沿淮毗邻宿州地域，且在古代直至20世纪80年代初，都是古宿州及原宿县地区辖区。大禹因治水有功，在部落联盟中树立了绝对权威，大禹召集部落首领结盟集会也是在今日的怀远涂山。据传大禹因治水有功而受赏封，最初的封邑就在今日宿州的泗县地区，禹子启也曾奉父命带领家族成员一度就封邑于此地。后启继禹位，建立中国历史上第一个真正意义上的国家政权体制——夏王朝，彻底结束了史前时期的部落联盟禅让制的原始社会形态，开启了以血缘关系为纽带的家族世袭制的王朝时代。由于禹曾受封于今泗县地区，而夏启又是夏代的第一代帝王，是故泗县在西汉至魏晋南北朝时期，曾称为夏丘。由此可见，宿州地域在大禹时期，洪涝灾害是其最主要的灾害，亦是大禹治水的核心区，夏朝孕育成长的肇始之地。

这一时期有关宿州地域的自然灾害，完全没有确切的史料记载，只能从宏观地域上加以笼统的推测判断。

（二）在夏商时期约1000多年的时段内，由于北半球宏观气候发生了巨大变化，开始了由温暖湿润气候向寒冷干旱气候过度转化，而这一气候转化过程并非是准斜线式的平稳逐步演变，而是起伏波动多变，属于自然灾害异常多发期。夏商王朝的核心区就是以黄淮地区为主体的中原地区，各种自然灾害发生的季节性特征日益显现。冬春总是干旱少雨，经常发生旱灾，而夏秋两季又雨水充沛，常常发生洪涝灾害。水旱灾害多发，灾情严重亦是其时期的重要表征。如“夏少康之时”“冥勤其官而水死”。意即作为治水官员，为完成治水任务而死于任上，以身殉职。商代为规避洪涝灾害，曾八次迁移都城，考其所迁各地，除最后一次迁往殷地（今河南北部，黄河以北)，其余七次均在今黄淮地区。此即是“商人八迁”和“盘庚迁殷”的典故的由来。由于夏商时期的大气候环境总体而言仍属于温暖湿润气候，雨水偏多，相对来说，洪涝灾害多于干旱灾害。说到旱灾，则有“胤甲之时”“十日并出”“桀天道，两日照”“伊洛竭而夏亡”以及

“河（指黄河）竭而商亡”的记载，说明其时黄淮地区干旱灾害十分严重。地处黄淮地区的宿州地域当也无法幸免这些洪涝、干旱等类自然灾害的祸害。

（三）当历史步入西周时期，标志着北半球自全新世以来的温暖湿润大气候的彻底结束，开始了中国自有文字记载以来的第一个寒冷时段。这一寒冷时段大约上启自西周下迄至唐末五代，前后大约2000多年。其间虽有西汉中叶至东汉末的小幅回暖波动，如西汉中叶至东汉末期约300多年北半球气温就有小幅的回升，但再也没有可能回归到夏商以前那样的温暖湿润程度。总趋势是自西周始以黄淮为主体的中原地区气温呈逐步下降趋势，至魏晋南北朝时期达到这一时段的寒冷极值，平均气温和现在相比要低一至两度。而自南北朝至唐末五代，气温又呈逐步转暖的趋势，至五代末，黄淮地区年平均气温和当今差不多。这一时段的显著特征就是一些喜温的动物如犀牛、野象等南迁至长江流域以南，水稻适种区域线南移，黄淮地区冬麦收获期大大推迟，最迟的约到夏至前后方可收割。至于史书所言，“周公旦东征伐奄（今山东曲阜一带）……灭国者五十，驱虎豹犀象而远之，天下大悦。”说明在西周灭商之际，原来生活在黄淮之间的喜温动物犀牛、野象等已因气候寒冷而南迁至今长江流域以南地区。大批野生动物南迁转移这在当时的历史条件下，周公旦等人依靠武功人力是绝不可能做到的。这一时段黄淮地区的气候特点是寒冷干燥。冬季是酷寒、多冰雪，常有暴风雪、冰冻灾害发生，秋末春初则常伴有霜冻灾害的发生。而夏季及春末、秋初期间大多是干旱少雨，旱灾发生的频率相对较高。此外，对当今黄淮地区生态环境影响最大的黄河主河道的走向，也是影响其自然灾害发生频次的一个重要因素。这一时段的黄河下游主河道始终是在今黄河以北的京津冀和豫北及鲁西北地区变换摆动。因其决溢泛滥导致洪涝及一些次生灾害的发生，危害大多也以这些地区为主，对今黄淮地区影响相对较小。尤其是自东汉永平年间（58年至75年），著名水利专家王景奉命治理黄河水患。王景通过实地勘察，采取了两项重大举措：一是实施河（黄河）汴（指古汴河亦称汉魏汴河，以示和后来唐宋大运河“汴河”的区别）分流，各行其道，结束了自西汉末年以来，近百年间黄河、汴河混流交织，泛滥成灾的局面。二是西自河南荥阳东至山东千乘（今山东高青一带）沿黄河两岸筑起了防洪堤坝，后人称之为“金堤”。其河道大致走向与今黄河走向差不多，只是略偏北一些。黄河自此后约近 1100 年安流，基本未有大的改道，其间决溢泛滥频率也大为降低，在东汉魏晋南北朝时期，有时多至五六十年才会发生一次大规模的决溢泛滥，短的也是三四十年才发生一次，到隋唐五代时期，黄河大规模决溢泛滥的频次虽有些加快，平均也多在十七八年才发生一次。此时段的黄河决溢泛滥，受危害影响最大的地域也是豫鲁冀接壤毗邻地区，很少波及今黄河以南的黄淮地区，尤其是今徐州和宿州地域。大体而言，从西周至隋唐五代这一时段中，黄淮地区自然灾害发生的频次，相对来说是中国自有文字记载以来至中华人民共和国建立前的各个历史时段中偏低的。地处其间的宿州地域当亦是这种状况。因而，此一时段的宿州地域经济社会发展繁荣程度也是较为理想的，是当时黄淮地区以外的国内其他地域难以企及或超越的。

（四）从北宋至元代中后期，北半球宏观气候较之隋唐时期已开始步入相对温暖湿润时段。据相关资料记载，此时段的年平均气温较之唐代上升约一度左右，若和现在气温相比，大约高出 0.7℃～1℃度之间。该时段气温偏高的重要标志是北半球亚热带北界已移至今宿州地域至河南沈丘一线，较之当代至少北移 200 多公里。在这一历史时段，包括宿州地域在内的黄淮地区气候变化，虽也有一些小幅的波动，但总体来说，基本属于温暖湿润型的。多雨水，洪涝灾害频发，伴之以蝗灾多发，其他各种自然灾害发生的频次也明显高于之前的历史时段。一个重要的表征就是进入北宋以后，作为黄淮地区北缘的黄河，泛滥决溢的频次大大加快。大决溢由魏晋南北朝时年均几十年一次，隋唐时期年均十余年一次，唐末五代时期的三两年一次，加剧为年均一年多一次。北宋年间，黄河决溢泛滥频次虽已加快了许多，但其危害区域范围大多的在今黄河主河道以北豫鲁冀接壤地区，对于今黄淮地区，尤其是宿州及毗邻地域危害相对较少，宿州地域洪涝灾害相较而言，尚不算多。然而当 1128 年金灭北宋，宋守臣杜充为阻金兵南下于今河南滑县李固渡决开黄河南岸大堤以淹金兵，开启了黄河南泛入泗夺淮入海的先河。黄河主河道流向由自东汉初年自豫中向东北流经鲁西北入渤海，渐次改为主河道自豫中向东南流经豫鲁皖苏接壤处，斜穿包括宿州地域在内的今黄淮地区腹地，于苏北涟水东流入黄海，实现了千余年来黄河又一次历史性的大改道。这次黄河大改道，彻底打乱了今黄淮地区原属淮河的水系，也从根本上改变了今黄淮地区的生态环境。淮河水系由独流入海，宣泄通畅，较少漫溢决口，而变为自淮安以下入海通道被黄河挤占，只得自洪泽湖改由里下河入长江，加之黄泛泥沙淤积，淮河主要支流淤浅，宣泄不畅，洪涝频发。自此以后直至新中国成立之前的黄淮地区即由北宋之前的国内史上开发最早，亦是最为繁荣富庶发达之区走上了衰落之路，进而演变成为一片多灾多难的贫穷落后地区。尤其是自金大定八年（1168）至明昌五年（1194）年间，黄河南泛主河道自河南开封始夺汉魏古汴河经宿州地域的砀山、萧县入徐州汇入古泗水再夺淮入海后，宿州地域自此之后便是黄泛、洪涝、干旱、蝗灾等各种自然灾害频发，灾难深重，民不聊生。在宋金元时期，黄河历史性的大改道给包括宿州地域在内的今黄淮地区带来几近毁灭性的生态大灾难，既有当时宏观大气候变化的因素，也有人为破坏干扰自然生态环境的社会因素的影响。如除杜充决黄河以阻金兵之外，在金元相争之际，蒙古军也曾先后两次决黄河水以淹金兵。再者，在金宋南北对峙以淮河为界，黄淮地区成为南北政权争夺拉锯的边疆之地，战乱边患不止，社会动荡，民生难安，水利失修，田园荒芜，各种自然灾害就必然会易发多发。宿州地域在黄河大改道之后及金宋对峙，元取代金宋的征战过程中更是倍受其害。自此以后，宿州地域由北宋时期国内少有的繁荣富庶、运河漕运重要的水陆码头、商贸城市、人口密集地区，开始步入迅速衰落的下行轨道。

（五）当历史步入明清民国时期，包括宿州地域在内的黄淮地区便步入了各种自然灾害高发群发期，其间原因既有自然大气候的因素，也有社会人为的因素。气候因素：从元末的14世纪初，北半球环球大气候开始转向寒冷，这一过程持续至20世纪初叶，长达600年左右。这个寒冷时段的气候偏冷状况仅次于一万年以前的最后一次环球大冰期的寒冷程度。因此气象学界和地理历史学界把这一寒冷期称之为距当代最近的一个地球小冰期。期间虽有些冷暖波动，但波幅起伏不大，总趋势是偏冷的。最冷阶段的谷底约在17世纪的中叶明末清初的几十年，年平均气温若和20世纪末21世纪初的气温相比要低1.5摄氏度至2摄氏度左右。具体表现就是冬季常常发生暴风雪，雪深数尺，酷寒，淮河冰冻，车马可以从淮河冰面往来无阻。苏北沿海“海冰至岸，望如岗阜，亘数十里”。黄淮地区果木冻死多多，冷冬，冷夏发生频次明显多于正常气候气温时段。在非寒冷气候时段，一般情况下，淮河冬季是不会结冰的，苏北沿海亦不会出现海冰的。在明清时期曾先后出现三次奇冷时段，最冷的年份，甚至在长江、太湖流域的河湖沟塘亦会出现冰冻情况。最后一次寒冷谷底出现在19世纪中叶，年平均最低温度要比当今低近一度左右。直至清末，亦即十九世纪后期，北半球气温才开始逐渐回暖，至20世纪中后期才彻底走出寒冷时段。此间的气候变化波动频繁，峰谷落差大也必然会诱发洪涝、干旱及其他各种自然灾害。而此时段又是中国境内地质活动较为活跃期，尤其是15世纪末期至18世纪初及19世纪初至今的两个时段，处于地质活动较为高潮时期。因此，地震、塌陷、滑坡等地质灾害频发且危害较大。黄淮地区，尤其是宿州地域所在的黄淮地区中东部正处于华北郯庐断裂带两侧，属地震多发区域，因此在此时段，宿州地域及其周边地区曾先后多次发生强烈地震，破坏性很大，至于低震级的有感地震，更是难以计数。社会因素则是因为人类繁衍，人口密度增大，人类为了生存，加大增强了对自然资源的开发利用，自然界的生态平衡遭到了人类活动的破坏。垦荒种田，森林丛莽被砍伐，山地原野土地植被破坏，水土流失，日益荒漠，于是干旱洪涝等各种自然灾害频发群发也就不足为奇了。这里需要特别指出的是在此时段中黄河河患给黄淮地区尤其是宿州地域所带来的危害，是同期各种自然灾害中最为深重的。其中固然有由于环球大气候变化的影响，更多的因素则是社会人为的影响，是人祸造成的。明清时代，国都在北京，宫廷京城军民物资供给和南北方生产物资及生活日用品的供应交流，全靠京杭大运河的漕运保证。因此，确保京杭运河漕运的畅通，就成了王朝安危、国计民生的命脉所系。为保京杭大运河漕运的畅通无阻，明清两朝的治黄策略都是千方百计加固黄河北岸堤防，严防黄河在北岸决溢泛滥，冲断运河运道，而任由黄河来洪在南岸决溢泛滥，祸害黄淮地区。黄淮地区变成了王朝的牺牲品，社会的弃儿。在明清时代为保漕运，一怕黄河改道北去，如果黄河改由汉唐时期的旧道北入渤海，那么自山东南部微山湖到江苏淮安一段黄运合一的漕运通道就缺少水资源接济补充，漕运就会中断；二怕黄河北岸决溢，洪水北行冀鲁豫接壤处，冲断淤废山东济宁以北的会通河和昭阳湖运道。黄河在南岸决溢，洪水通过淮河北岸各支流汇入淮河、洪泽湖，不仅不会冲击运河漕运，还可借黄河之水资助苏北至鲁南运道畅通，虽说会对皖苏北部地区的老百姓带来灾难、祸害民生，破坏社会经济发展，但对保证漕运，稳定巩固王朝社稷大局有利，所以也就只好牺牲皖苏淮北地区千万生民的局部利益了。三是干旱年成或是枯水季节，可利用鲁西南的"南四湖"（包括微山湖）及苏北的洪泽湖，骆马湖等拦蓄黄河之水以补充运河水量的不足。这样一来，干旱年成或枯水季节包括宿州地域在内的皖北苏北地区也就无水可以灌溉浇田以抗旱。而洪涝年份，却又要饱受洪涝淹浸之害。此外，在明代，为确保明祖陵（在今江苏盱眙境内）不被洪水淹浸，一味加高洪泽湖南岸大堤，每当黄河、淮河流域洪水迭加交并来袭，洪泽湖、淮河，尤其是宿州地域境内入淮入洪泽湖的支流河渠，宣泄不畅，洪泽湖、淮河入海口又被黄河来洪顶托挤压，水无出路，致使洪泽湖水面逾积逾大，地处上游的宿州地域首当其冲，受灾最为深重。清代虽无祖陵之忧，但在治黄方面，仍以保运济运为宗旨，采取严防黄河北岸决溢，阻断运河漕运，以洪泽湖蓄积淮水，以清刷黄，加大黄河自淮安东入海口的水量，减缓黄河东入海口通道泥沙淤积速度。但因黄强淮弱，黄河来水量大，根本达不到以淮刷黄的目的，反而加大了洪泽湖泄洪的压力。再加上自清代康熙年间以后，在靳辅治黄方略的指导下，在宿州地域的砀山、萧县及徐州境内的黄河南岸先后建立多处泄洪闸、滚水坝。每当黄河上游洪峰来临，滚滚黄流就通过皖北宿州地域及苏北的河渠直泄洪泽湖，更加快了洪泽湖的淤积，湖面迅速扩大，致使地处洪泽湖上游的宿州地域的大片土地被淹没，村舍被冲毁。从而使洪泽湖变成了国内第四大淡水湖。这些泄洪闸、滚水坝的建立，对于宿州地域来说是毁灭性的历史大灾难。最为突出的例证就是砀山县毛城铺的泄洪闸及减水坝建成后的第三年，亦即清康熙十九年（1680）古泗州城（今盱眙境内）就被洪水淹没沉入洪泽湖底。后来清政府将古泗州城移治虹县县城（今泗城），将原泗州和虹县合并成立新泗州。若以合并后的泗州和清初泗州及虹县地域相比，面积减少四分之三以上，人口减少一半还多。由此可见，黄河水患对于宿州地域危害之惨烈深重。清末的1855年，黄河虽然自河南兰考铜瓦厢决口改道北去入渤海，但黄淮地区水系已被彻底破坏，河湖沟渠被淤废，洪涝来袭，尾闾不畅，宣泄不及，酿成水灾；干旱时节，无水灌溉，造成旱灾。加之改朝换代，战乱不已，社会动荡，水利失修，人口增减流动变迁不止，田园荒芜，荆棘遍野、洪涝、干旱、蝗虫、瘟疫竞相加害，迭加群发，大规模爆发便成了常态。自黄河改道北去以后，对于宿州地域来说，直接的黄患灾害是没有了，但后遗症并未根除。由于宿州地域地处豫东及苏北下游，地势低洼，便成为上游的洪水走廊，无论本地域有无洪涝灾害，只要上游发生洪涝灾害，本地域都会被殃及受害。因此，在明清乃至民国时代，宿州地域各种自然灾害总是多发频发，大面积受害，不仅数倍于之前的历代，也远高于周边地区。

综前所述，自然灾害是大自然运行过程中的异常波动，且会对人类社会生活带来危害影响的一种自然现象，它和人类结伴而行并相始终。自然灾害是自然界的客观存在，而人类社会为了生存不断改善优化生存条件，总想依靠发挥自身的主观能动性，更多地开发利用自然资源，这就必然会打乱自然界正常的运行规律态势，从而引发大自然的反弹，酿成一种新形式的灾害，所以说自然灾害和人类社会活动是一种对立统一、相互依存的矛盾体。故而，人类社会战胜自然只能是一种美好的梦想，一种精神上激励，但顺应大自然总体的运行规律态式，在其可行的条件下施加影响，改造大自然，努力减轻或抵御自然灾害对人类社会生活的干扰破坏，才是一种科学的态度。所以人类社会应和自然界和谐相处，努力建设一个生态和谐、共生共荣的新世界。

宿州地域历史上所以多灾多难，自然灾害多发频发，既有其所处的自然条件区位环境，宏观气候变化因素，也和其历代王朝对其治理方略政策，人为干扰影响有关。尤其是黄河在北宋灭亡之际，金宋政权南北对峙之际，改道南行夺淮入海之后的近千年之间，中华人民共和国建立之前的历代统治者为了其王朝的巩固社会安定的大局，宿州地域便成了一方被抛弃被牺牲的土地，宿州地域从北宋以前的国内开发较早，也较为繁荣富庶之区，走向了衰落，各种自然灾害多发频发，甚而是群发式的大规模爆发，更多的是人祸，是人为的干扰破坏所造成的。从而使宿州地域便成了国内以“贫穷落后”而名世的多灾多难，令人扼腕兴叹的苦难之地。它彻底改写了宿州地域的历史，但也塑造了宿州地域人民群众直面苦难困厄，不屈不挠，勇于抗争拼搏，自力更生，艰苦奋斗，奋发图强的精神面貌。

目　录

一、先秦时期

尧舜禹时代

水灾：尧禹时洪水滔滔，天下沉渍，九州湮塞，四渎壅闭，重灾区主要包括今宿州地域在内的中原黄淮地区。尧命鲧治水，九年而水不息，功用不成。舜视鲧治水无状，于是将鲧处死于羽山，后又任命鲧的儿子禹继续治水。禹聚合各部族民众，亲自背筐执铲，带领众人疏九河、通九泽、劈龙门，疏通了黄河、济水、淮河、泗水、汝河、汉水等大小河流，使之通江入海。经过十三年的艰苦奋战，方才治服了洪水，使民得以安居乐业。

旱灾：尧之时，十日并出，焦禾稼，杀草木，民无所食。说明全国范围特大旱灾，当然也包括地处黄淮地区的宿州地域。

地震：往古之时，四极废，九州裂，天倾西北，地陷东南，天不兼覆、地不周载。强烈地震，山崩地裂。全国性的大地震，当然也应包括宿州地域在内。

夏　代

水灾：少康之时，黄河中下游的河南黄淮地区大水，“冥勤其官而水死”，即是冥为了完成治水而死于职守。

旱灾："胤甲之时，十日并出。"即特大旱灾。

帝癸二十九年："桀无道，两日照"，意即大旱。

地震：帝发七年，泰山地震，宿州地域有感。

商　代

旱灾：商汤王打败夏桀建立商王朝时黄淮地区（包括宿州地域）连续五年大旱，庄稼失收。

水灾：盘庚之时，包括宿州地域在内的黄淮地区连续多年发生特大水灾，盘庚不得不将都城迁往殷地（即今河南安阳）。此即史书所说"商人八迁都城"或"盘庚迁殷"之典的由来。

周　代

公元前683年

水灾：宋国发生大水灾。宿州地域当时属宋辖区。

公元前646、645年

地震：沙麓（今河北大名），鲁国都城（今山东曲阜）连年地震。宿州地域有感。

公元前644年（鲁禧公十六年）

风灾：春，六鹢鸟退飞过宋都，鸟退飞是因为风力太大，鸟无法向前直飞，被吹得倒着飞。当时宿州地域属宋，当亦受风灾。

公元前557年（鲁襄公十六年）

地震：鲁国（今山东曲阜一带）地震，宿州地域有感。

公元前545年（鲁襄公二十八年）

旱灾：宋国大旱绝收，导致第二年，即公元前544年，宋国全境大饥荒，宿州地域属宋，亦当遭遇旱灾、大饥荒。

公元前523年（鲁昭公十九年）

地震：鲁国（今山东阜一带）地震。宿州地域有感。

公元前512年（鲁昭公三十年）

水灾：冬，吴国征伐徐国，决淮河大堤，以水代兵攻徐，遂灭徐国。宿州地域的今泗县、灵璧一带受灾。

公元前492年（鲁哀公三年）

鲁国（今山东曲阜一带）地震。宿州地域受波及有震感。

公元前477年（周敬王四十三年）

水灾：宋国地域水灾，古汴水泄流不畅，洪水泛滥，宿州地域受淹。

公元前312年（齐宣王八年）

饥荒：宋国地域大饥荒，宿州地域隶属宋国亦难幸免。（注：饥荒原因不详）

公元前235年（秦王政十二年）

旱灾：从春二月起至秋八月，宿州地域连续6个多月大旱，禾苗枯死，绝收。

二、秦汉时期

公元前 209 年（秦二世元年）

水灾：宿州地域大水灾，以陈胜、吴广为首的前往渔阳戍卒因大雨，道不通，滞留蕲县大泽乡（今宿州市埇桥区），从而爆发陈胜吴广反秦起义。

公元前 205 年（西汉高祖二年）

风灾：宿州地域萧县、砀山地区大风折木倒屋，飞沙走石，白昼如傍晚黄昏。

公元前 179 年（西汉文帝元年）

地震：夏四月，山东沂蒙山区发生 7 级以上强烈地震，震中烈度达 10 级以上，震后又发生大水灾。宿州地域受影响波及震感强烈。

公元前 175 年（西汉文帝五年）

风灾：十月，宿州地域遭受大风，大树被刮倒，民居、门窗被风刮倒吹毁。

公元前 168 年（西汉文帝十二年）

水灾：黄河在今河南濮阳决溢，洪水入当时的巨野泽（在今山东巨野县北部），泛溢泗水南下入淮，苏鲁豫皖接壤处各郡县皆受淹，宿州地域全境被灾，连续数年绝收或歉收，造成饥荒，损失惨重。

公元前 132 年（西汉武帝元光三年）

水灾：夏五月，黄河于今河南濮阳瓠子决口，东南入巨野南泛泗水、淮河。鲁西南、豫东北、皖东北宿州地域及苏北徐州、宿迁等地区受灾严重。决口当年堵决失败，泛滥长达23年之久，连年失收，灾民大饥。“人或相食”。

公元前71年（西汉宣帝本始三年）

旱灾：包括宿州地域在内，全国大部分地区大旱，尤其是华北平原。

公元前70年（西汉宣帝本始四年）

地震：夏四月，今山东诸城、昌乐一带发生大地震，震中震级7级。烈度9度。宿州地域受波及，震感强烈。地震过后，又遭洪水泛滥，宿州地域受灾。

公元前44年（西汉元帝初元五年）

水灾：夏秋间，宿州地域阴雨连绵，连旬月余不停，房屋倒塌，洪水淹杀居民，庄稼失收。

公元前43年（西汉元帝永光元年）

寒霜冻灾：黄淮地区春秋两度遭遇寒霜冻害，麦秋两季失收，造成大饥荒，宿州地域亦遭霜害。

公元前37年（西汉元帝建昭二年）

地震：冬，楚国、沛郡、东海郡及北邻广大地区发生大地震，树木折倒，房屋毁塌。地震后又有大雨雪。宿州地域所属各县，当时分别隶属楚国或沛郡，全境受波及，震感强烈。

公元前29年（西汉成帝建始四年）

水灾：黄河在今河南濮阳决口，泛滥泗水、淮河流域，包括宿州地区在内的皖苏鲁豫接壤地区皆遭遇水害，灾情严重。

公元前27年（西汉成帝河平二年）

雹灾：四月，楚国（都城今徐州）大雨雹，雹如拳头大，砸死飞鸟，今宿州地域的萧县、埇桥区和灵璧等地和徐州接壤的部分地区受灾。

19—23年（西汉王莽天凤六年至王莽地皇四年）

旱灾、蝗灾、大饥荒：宿州地域连年大旱，蝗灾并生，庄稼绝收引起大饥荒。灾民人相食，饿死多多，大批逃亡他乡。

37年（东汉光武帝建武十三年）

瘟疫：宿州地域瘟疫流行，死者难以计数。

40年（东汉光武帝建武十六年）

牛瘟疫：宿州地域今泗县、灵璧、埇桥区及周边相邻地区发生牛瘟疫，波及面很大，病死牛很多，对农民耕作影响很大，亦影响农业收成。

48年（东汉光武帝建武二十四年）

水灾：六月，宿州地域发生洪涝灾害，暴雨连日，濉水宣泄不畅，逆流一日一夜。

56年（东汉光武帝中元元年）

蝗灾：春三月，宿州地域发生严重的蝗灾。

70年（东汉明帝永平十三年）

水灾：宿州地域是年夏季发生洪涝灾害。

71年至72年（东汉明帝永平十四、十五年）

旱灾：宿州地域连年大旱。

72年（东汉明帝永平十五年）

蝗灾：夏秋之间，宿州地域发生蝗灾，庄稼失收，民多饿死。

75年（东汉明帝永平十八年）

旱灾、牛疫：夏秋间，宿州地域大旱，牛多生疫病。

76年（东汉章帝建初元年）

旱灾：夏，宿州地域久旱无雨，遭遇大旱，禾苗枯萎，秋粮大幅减收。

地震：春三月，宿州地域受今山东西南部金乡、东平、鱼台一带的地震影响，震感强烈。

77年（东汉章帝建初二年）

旱灾：春夏间，宿州地域的萧县、砀山地区发生大旱灾，庄稼严重减收。

90—93 年（东汉和帝永元二年至五年）

旱灾、蝗灾、瘟疫：包括宿州地域在内的皖苏鲁豫接壤地区旱灾，并衍生蝗虫、瘟疫灾害，庄稼严重失收。饥民病死者无数，大批逃荒流徙他乡异地。

102—103 年（东汉和帝永元十四、十五年）

水灾：连续两年的夏秋间，宿州地域及周边地区连遭大水灾，庄稼失收，灾情严重。

104 年（东汉和帝永元十六年）

旱灾：黄淮地区大旱，宿州地域亦在其中。庄稼失收，灾民减交租税，并受贷种粮恢复生产。

106 年（东汉殇帝延平元年）

水灾：夏秋间，包括宿州地域在内的黄淮地区发生洪涝灾害，大水伤稼，仓廪为虚。

107 年（东汉安帝永初元年）

水灾：秋，包括宿州地域在内的黄淮地区发生大面积洪涝灾害，“伤秋稼，坏城郭、溺伤民众”。

饥荒：春，包括宿州地域在内的黄淮地区发生特大饥荒，人士荒饥，死者相枕藉。

108—109 年（东汉安帝永初二至三年间）

水、风、雹灾：包括宿州地域在内的黄淮地区发生大面积水灾，局部地区伴有风、雹灾害，风狂拔树毁屋，雹大如芋头、鸡子，砸伤禾苗，洪涝淹禾，失收严重，居民大饥。

110 年（东汉安帝永初四年）

蝗灾：夏四月，宿州地域的今萧县、砀山及埇桥区北部地区发生大面积蝗灾，庄稼失收。

113 年（东汉安帝永初七年）

蝗灾：秋八月，宿州地域普遍遭受蝗灾，庄稼减收一半以上。

118 年（东汉安帝元初五年）

水灾：夏秋，宿州地域淫雨连旬，坏民房屋、淹没田禾，是岁大饥。

119 年（东汉安帝元初六年）

风、雹灾：夏四月，今宿州地域所属各县区遭遇大风雨雹灾害。大风拔树毁屋。

122 年（东汉安帝延光元年）

水、风、蝗灾：夏秋季今宿州地域先是大风淫雨伤稼、河水漫溢，继而是蝗虫滋生，啃杀禾苗，庄稼失收。

127 年（东汉顺帝永建二年）

瘟疫：春二月，皖鲁苏接壤处暴发瘟疫，宿州地域全境亦是瘟疫流行。病死者难以计数。

141 年（东汉顺帝永和六年）

饥荒：宿州地域发生大饥荒，灾民拖儿带女逃亡异地。造成饥荒的原因不明。

151（东汉桓帝元嘉元年）

饥荒：夏四月，宿州地域砀山及萧县部分地区发生大饥荒，人相食。原因不明。

153 年（东汉桓帝永兴元年）

蝗灾：秋七月，宿州地域发生蝗灾，庄稼歉收。

154 年（东汉桓帝永兴二年）

水灾、饥荒：宿州地域夏初暴雨成灾，河流宣泄不畅，倒灌逆流淹没庄稼，秋粮大幅减收，加之上年秋遭蝗灾，导致歉收，家无隔宿粮，饥荒遂成。

166 年（东汉桓帝延熹九年）

旱灾、蝗灾、饥荒：夏，宿州地域大旱，伴生蝗灾，五谷损伤，几近绝收，粮菜皆不足食，酿成大饥荒，饿死病患者十之四五，甚至有死绝户者。

188 年（东汉灵帝中平五年）

水灾：六月，宿州地域暴雨成灾，秋季作物几近绝收，灾民生存困难，危机四伏，导致众多灾民造反。

194 年（东汉献帝兴平元年）

旱灾、蝗灾、饥荒：包括宿州地域在内的黄淮地区久旱无雨，遭遇特大旱灾，并发生大面积蝗灾，庄稼绝收，酿成大饥荒，人相食，白骨露野。

三、魏晋南北朝时期

237 年（魏明帝景初元年）

水灾：宿州地域淫雨连绵，洪水泛滥，大水溺死灾民、牲畜无数，漂没财物。（注：三国时期，宿州地域属魏，故以魏纪年）

238 年（魏明帝景初二年）

水灾：夏秋，宿州地域的砀山、萧县地区淫雨连绵，涝渍成灾，秋粮减收。

255 年（魏高贵乡公正元二年）

旱灾：包括宿州地域在内的黄淮地区连年大旱，庄稼失收，百姓饥饿，社会动荡。

268 年（晋武帝泰始四年）

水灾：秋，宿州地域大水。淹没田禾，秋季作物大幅减收。

269 年（晋武帝泰始五年）

水灾：春，宿州地域大水。涝渍成灾，麦子、春种皆受影响，歉收。

275 年（晋武帝咸宁元年）

风灾、水灾：夏五月，宿州地域的今灵璧、泗县一带大风袭击，拔树毁屋。秋九月遭遇大水袭扰，淹没田庄。

277 年（晋武帝咸宁三年）

水灾：九月，宿州地域发大洪水，淹没田园村舍。

278 年（晋武帝咸宁四年）

蝗灾、水灾：春夏间，宿州地域遭遇蝗灾，庄稼失收。七月，宿州地域泗县、灵璧县、埇桥区发生洪涝灾害。

279 年（晋武帝咸宁五年）

饥荒：春，宿州地域因前年水灾、蝗灾失收，发生饥荒。

281 年（晋武帝太康二年）

蝗灾：夏五月，宿州地域发生蝗灾，庄稼失收。

283 年（晋武帝太康四年）

水灾：夏七月，宿州地域发生洪涝灾害。淹没田园村舍，淹溺居民。

284 年（晋武帝太康五年）

水灾、雹灾：春夏间，宿州地域的砀山及萧县部分地区遭受暴雨冰雹袭击，庄稼失收。

292 年（晋惠帝元康二年）

雹灾：八月，宿州地域大雨雹灾、伤稼禾。

295 年（晋惠帝元康五年）

水灾、风灾：夏六月，宿州地域大水，淹没田园。七月暴风，坏庐舍。

297 年（晋惠帝元康七年）

水灾：秋七月，宿州地域的砀山、萧县及埇桥局部地区阴雨连绵涝渍成灾，庄稼受淹减收。

298 年（晋惠帝元康八年）

水灾：秋，宿州地域发生大洪涝灾害。

300 年（晋惠帝永康元年）

水灾：七月，宿州地域砀山及萧县部分地区大水。

301 年（晋惠帝永宁元年）

旱灾：自夏及秋无雨，宿州地域大旱。

302 年（晋惠帝太安元年）

水灾：秋，宿州地域的砀山、萧县及今埇桥区北部地区发生水灾。

309 年（晋怀帝永嘉三年）

水灾：夏，宿州地域大雨连绵，涝渍成灾，庄稼减收。

310 年（晋怀帝永嘉四年）

地震：四月，兖州地震，宿州地域受到波及。

318 年（东晋元帝太兴元年）

蝗灾：秋七八月间，宿州地域发生严重蝗灾，禾苗、野草被啃食殆尽，秋季颗粒无收。

319 年（东晋元帝太兴二年）

蝗灾：夏五月，宿州地域发生蝗灾。庄稼失收，发生饥荒。

325—326 年（东晋明帝太宁三年至东晋成帝咸和元年）

旱灾：宿州地域连年大旱，325 年自当年正月至六月不雨，326 年自六月不雨，至十一月方才下雨，庄稼减收严重。

334 年（东晋成帝咸和九年）

旱灾：夏秋之间，宿州地域大旱。自五月至八月无雨，旱情严重。

379—385 年（东晋孝武帝太元四年至太元十年）

旱灾：宿州地域各地间歇性连续多年发生旱灾，严重影响收成。

390 年（东晋孝武帝太元十五年）

水灾、蝗灾：八月，宿州地域暴雨成灾。其后又遭遇蝗灾。

394 年（东晋孝武帝太元十九年）

水灾：秋，宿州地域大水灾，淹死秋庄稼。

395 年（东晋孝武帝太元二十年）

水灾：夏六月，宿州地域又遭受水灾。

414 年（东晋安帝义熙十年）

风灾、水灾：秋七月，先是大风，拔树毁屋。后又是暴雨成灾，淹溺庄稼居民。

438 年（南朝刘宋文帝元嘉十五年）

地震：十一月，山东兖州地震，宿州地域受到波及。

440 年（南朝刘宋文帝元嘉十七年）

水灾：八月宿州地域大水灾，秋庄稼严重失收。

442—444 年（南朝刘宋文帝元嘉十九至二十一年）

旱灾：包括宿州地域在内的皖苏北部及江淮地区连年大旱，庄稼失收，造成饥荒。

447 年（南朝刘宋文帝元嘉二十四年）

水灾：包括宿州地域在内的黄淮地区以徐州、兖州为中心的广大地区发生大洪涝灾害。

453 年（南朝刘宋文帝元嘉三十年）

严寒、暴雨、牛马疾病、饥荒：正月，宿州地域气候反常，酷寒暴风，拔树毁屋，冻杀、病疫牛马无数。冬发雷电，白昼如冥。百姓恐慌，饥寒交迫。

457（南朝刘宋孝武帝大明元年）

蝗灾：夏五月，宿州地域遭受蝗灾，庄稼失收，酿成冬季饥荒。

462 年（南朝刘宋孝武帝大明六年）

地震：夏七月，今山东泰安济宁一带发生大地震，徐州城墙被震坍塌，宿州地域震感强烈，民舍多有倒塌。此后两年余震不断。此次地震震中在兖州一带，震级六级左右，烈度 8 度。

466 年（南朝刘宋明帝泰始二年）

旱灾、霜冻：九月，宿州地域大旱，庄稼受损。十二月，酷寒，冻伤人畜无数。

468 年（南朝刘宋明帝泰始四年）

水灾、瘟疫：夏秋间，黄河在河南决口，包括宿州地域在内的黄淮大部分地区受淹，后又发生瘟疫、饥荒，居民多有病饿而死者。

476 年（南朝刘宋后废帝元徽四年）

风雨雹灾：四月，宿州地域发生大风、大雨冰雹灾害。大风拔树毁屋，暴雨成灾，冰雹伤稼，麦季收成受损。

477 年（南朝刘宋后废帝元徽五年）

水、旱、蝗灾：黄淮地区夏季洪涝成灾，秋季旱灾、蝗灾并生。宿州地域受灾严重。

478 年（南朝刘宋顺帝升明二年）

地震、水灾：二月，山东兖州地震。宿州地域受波及，有震感。四月，大雨连续、旬日不止，宿州地域受灾严重。

480 年（南朝齐高帝建元二年）

水灾：夏秋间，皖苏鲁豫毗邻地区发生洪涝灾害，宿州地域亦受灾。

482 年（南齐高帝建元四年）

水灾、蝗灾：八月，宿州地域先是发生蝗灾，后又发生洪涝灾害，秋季失收严重。

484、485 年（南齐武帝永明二、三年）

水灾、旱灾：包括宿州地域在内的黄淮地区连续两年发生水灾、旱灾。

498 年（南齐明帝永泰元年）

地震：八月，山东兖州地震。宿州地域受波及。

499 年（南齐东昏侯永广元年）

水灾：六月，宿州地域发生洪涝灾害。

500 年（南齐东昏侯永元二年）

虫灾、水灾：五月，宿州地域发生蚜蚄虫灾，伤害禾苗。七月，发生洪涝灾害，平地水深丈余，田园被淹绝收，民居保全者十之四五。导致大饥荒。

501 年（南齐和帝中兴元年）

饥荒：春季，宿州地域因上年虫灾和洪涝灾害庄稼绝收，发生大饥荒，民死者过万数。

503 年（南朝梁武帝天监二年）

风雨雹灾：七月下旬，宿州地域的砀山、萧县及灵璧、埇桥区的局部地区遭受暴风、大雨、冰雹灾害，受灾严重。

505 年（南朝梁武帝天监四年）

水灾、旱灾：三月，宿州地域连绵大雨、旬日不止，后又发生虫灾、飞蛾伤人，有许多人被咬伤或病死。

508 年（南朝梁武帝天监七年）

水灾：六月，包括宿州地域在内的皖苏鲁豫毗邻的地区发生洪涝灾害。

510 年（南朝梁武帝天监九年）

水灾：七月，宿州地域发生大水灾，田园被淹，庄稼歉收，导致次年春大饥荒。

512 年（南齐梁武帝天监十一年）

旱灾：春，宿州地域天大旱。

515 年（南齐梁武帝天监十四年）

冻害：冬季酷寒，宿州地域尤其是宿州、灵璧、泗县南部地区，多有冻死冻伤者。

516 年（南朝梁武帝天监十五年）

水灾：夏六月，宿州地域大水。

520 年（南朝梁武帝普通元年）

水灾：秋七月，宿州地域发生洪涝灾害，河流横溢。

522 年（南朝梁武帝普通三年）

地震：夏六月，徐州发生地震，震中烈度 4 度，震级 3.25 左右。宿州地域有感。

538 年（南朝梁武帝大同四年）

饥荒：秋八月，宿州地域大饥荒，原因不明（查相关资料是年皖苏鲁交界处有春雪春霜冻杀麦苗记载）。

547 年、548 年（南朝梁武帝太清元、二年）

旱灾、瘟疫：包括宿州地域在内的兖、徐、豫等黄淮地区连续两年发生旱灾、瘟疫。

557 年、558 年（北朝齐宣帝天保八、九年）

旱灾、蝗灾：包括宿州地区在内的黄淮大片地区遭遇旱灾、蝗灾。

563 年（北朝齐武成帝河清二年）

雪霜灾：冬季，华北平原广大地区严寒，大雨雪连月不止，平地雪深数尺，白昼下霜。宿州地域亦受灾。

四、隋唐五代时期

585、586 年（隋文帝开皇五、六年）

水灾：包括宿州地域在内的黄淮地区连续两年都曾发生洪涝灾害，河流漫溢、田园淹没、房舍倒塌，民人溺毙，百姓饥馑。

589 年（隋文帝开皇九年）

旱灾：夏，宿州地域遭遇特大旱灾，河渠干涸，禾苗枯萎，秋粮减收。

598 年（隋文帝开皇十八年）

水灾、瘟疫：秋季，包括宿州地域在内的黄淮地区发生大水灾。庄稼失收。水灾过后又有疾病流行，饥馑病死者无数。

603 年（隋文帝仁寿三年）

水灾：秋末冬初，宿州地域及周边地区发生水灾，秋雨连绵，旬日不止，秋季失收，秋种无法及时播种。

607 年（隋炀帝大业三年）

水灾：夏秋间，包括宿州地域在内的黄淮地区发生大洪涝灾害，漂没三十余郡。

611 年（隋炀帝大业七年）

水灾：秋，黄淮地区大水，宿州地域亦受灾，庄稼几近绝收，民舍多有倒塌，灾民流离失所，逃亡他乡，饥馑随之发生，多有卖儿卖女者。

612 年（隋炀帝大业八年）

旱灾：夏秋间，皖苏鲁豫毗邻地区普遍旱灾，宿州地域亦在其中，庄稼严重失收，灾民多外出逃荒要饭。

617 年（隋炀帝大业十三年）

旱灾：夏季，天下普旱，包括宿州地域在内的黄淮地区尤甚，庄稼严重失收。

628 年（唐太宗贞观二年）

霜灾：秋末，宿州地域及毗邻地区遭受严重霜灾。

629 年（唐太宗贞观三年）

水灾、蝗灾：秋，包括宿州地域在内的徐州、泗州地区发生大洪涝灾害。夏，宿州地域及周边地区曾发生蝗灾。

633 年（唐太宗贞观七年）

水灾：八月，黄淮地区大水成灾，宿州地域亦受灾。

634 年（唐太宗贞观八年）

水灾：夏秋之交，包括宿州地域在内的黄淮地区发生洪涝灾害。

636 年（唐太宗贞观十年）

水灾：夏季，宿州地域及相邻徐州地区发生洪涝灾害，庄稼失收。

642 年（唐太宗贞观十六年）

瘟疫、水灾：夏，宿州地域及相邻徐州地区瘟疫流行，病死者无数。秋季又发洪涝灾害。

644 年（唐太宗贞观十八年）

水灾：秋，宿州地域洪涝灾害严重，田园被淹，庄稼失收。

646 年（唐太宗贞观二十年）

水灾：夏，宿州地域及周边州县发生洪涝灾害。

648 年（唐太宗贞观二十二年）

水灾：夏季，宿州地域大水灾。

650 年（唐高宗永徽元年）

旱灾：夏，宿州地域发生特大旱灾，禾苗枯萎，赤地千里，庄稼几近绝收。

653 年（唐高宗永徽四年）

旱灾：夏秋间，宿州地域发生特大旱灾，庄稼绝收。

660 年（唐高宗显庆五年）

旱灾：春，宿州地域及周边地区大旱，麦子、春种皆受影响，庄稼减收。

668 年（唐高宗乾封三年）

旱灾：包括宿州地域在内的皖苏北部地区是年春夏间大旱，连月无雨，禾苗枯死。

671 年（唐高宗咸亨二年）

水灾：八月，宿州地域暴雨成灾，尤以今埇桥区及灵璧的北部地区为重。

676 年（唐高宗上元三年）

旱灾：夏四月，包括宿州地域在内的黄淮地区大旱，麦秋二季皆受影响。是冬无雪。

680 年（唐高宗永隆元年）

水灾：九月，包括宿州地域在内的黄淮地区发生严重洪涝灾害，河淮漫溢，溺死者众多。

681 年（唐高宗永隆二年）

水灾：八月，河南黄淮地区大水，居民漂没数十万户，庄稼绝收。宿州地域亦受灾严重。

683 年（唐高宗永淳二年）

旱灾：夏，华北平原大旱，宿州地域亦受旱灾。

687 年（唐武后垂拱三年）

饥荒：天下大饥，全国普遍发生饥荒，原因不详。宿州地域亦当在其列。

696 年（唐武周万岁通天元年）

旱灾、水灾：夏四月，全国普遍大旱，宿州地域亦受旱。秋八月，宿州地域及周边郡县暴雨成灾，秋庄稼受灾减收。

701 年（唐武周大足元年）

饥荒：春，黄淮地区发生严重饥荒，原因不详。宿州地域当亦在其列。

706 年至 707 年（唐中宗神龙二年、三年）

旱灾：自 706 年冬至 707 年夏五月，黄淮地区久旱无雨，致 707 年午秋二季收成大减，引发饥荒。宿州地域亦受其害。

715 年（唐玄宗开元三年）

水灾、蝗灾：夏季，包括宿州地域在内的华北大平原普遍遭遇水灾。水灾过后，秋七月，又普遇蝗灾，庄稼严重失收。

716 年（唐玄宗开元四年）

夏季，宿州地域所在的皖苏鲁豫相邻区遭受严重蝗灾。蝗虫漫天飞舞，啃食禾苗、草木，声如大风急雨。

724 年（唐玄宗开元十二年）

水灾：夏，宿州地域的埇桥、灵璧、泗县地区连降暴雨，积涝成灾，庄稼减收。

726 年（唐玄宗开元十四年）

水灾：秋，包括宿州地域在内的黄淮地区遭遇洪涝灾害，淹没田园，漂没民舍。

728 年（唐玄宗开元十六年）

旱灾：包括宿州地域在内的黄淮地区普遭旱灾，庄稼减收。

731 年（唐玄宗开元十九年）

水灾：秋，包括宿州地域在内的黄淮地区大水灾，庄稼被淹减收。

740 年（唐玄宗开元二十八年）

蚕疫、水灾：春，徐州、泗州所辖各县发生蚕病疫，所养之蚕全部病死，丝茧无收。当时宿州地域除砀山县外，其余各地分属徐州、泗州所辖。是年初冬十月，黄淮地区普遭水灾，宿州地域亦在其中。

741 年（唐玄宗开元二十九年）

水灾：七月，包括宿州地域在内的黄淮地区发生洪涝灾害，秋稼减收。

745 年（唐玄宗天宝四年）

水灾：八月，宿州地域的埇桥、灵璧、泗县地区连降大雨，积涝成灾，庄稼受淹减收。

764 年（唐代宗广德二年）

水灾：夏五月，黄淮地区大水，宿州地域受灾，庄稼被淹。

767 年（唐代宗大历二年）

水灾：秋，黄淮、江淮等地区发生大面积洪涝灾害，淮河漫溢，田园被淹，庐舍漂没。宿州地域亦受水灾。

784 年、785 年（唐德宗兴元元年、贞元元年）

蝗灾、饥荒：784 年秋和 785 年夏季，华北平原连续两年发生大面积蝗灾，飞蝗蔽天，旬日不息，所至之处，禾苗草木，尽被啃食殆尽，庄稼绝收。从而导致受灾各地发生严重饥荒，灾民流徙他乡，道路死者相枕。宿州地域亦受其灾。

787 年（唐德宗贞元三年）

水灾：春三月，包括宿州地域在内的黄淮地区大雨成灾，午季受损。

792 年（唐德宗贞元八年）

水灾：夏秋之间，黄淮地区大雨连绵，河水漫溢，洪涝并发，平地水深丈余，田园淹没，漂没民舍，溺死者数万，古泗州城（今江苏省盱眙境内）内水深数尺。宿州地域亦遭受严重洪涝灾害。

798 年（唐德宗贞元十四年）

饥荒：包括宿州地域在内的黄淮地区发生大饥荒，原因不详。

805 年（唐顺宗永贞元年）

蝗灾：夏六月，宿州地域发生严重蝗灾，庄稼失收。

806 年（唐宪宗元和元年）

水灾：夏，宿州地域发生洪涝灾害。

817 年（唐宪宗元和十二年）

水灾、雹灾：夏季，宿州地域连阴雨，局部地区有冰雹，伤禾苗，甚至有人被冰雹砸死。

818 年（唐宪宗元和十三年）

夏六月，淮水漫溢，宿州地域的泗县、灵璧及今埇桥区南部受灾。

828 年、829 年（唐文宗大和二、三年）

水灾：828 年秋，宿州地域发生水灾。829 年夏，宿州地域又发生洪涝灾害。

830 年（唐文帝大和四年）

水灾：秋，黄淮地区发生大水灾，宿州地域亦受灾。

832 年（唐文宗大和六年）

水灾、旱灾：夏六月，宿州地域暴雨成灾，毁坏民居数百。秋季又遭遇大旱，减收严重。

837 年（唐文宗开成二年）

蝗灾、雨雹：夏六月，宿州地域发生蝗灾，秋季又遭受大雨冰雹，庄稼严重失收。

838 年（唐文宗开成三年）

蝗灾：秋，包括宿州地域在内的黄淮地区发生大面积的蝗灾，禾苗草木叶皆被食尽。

839 年（唐文宗开成四年）

虫灾：初秋，宿州地域发生虫灾，黑虫食尽禾苗叶片。

858 年（唐宣宗大中十二年）

水灾：八月，徐州、泗州地区遭受暴雨洪涝袭击，平地水深丈余，局部低洼地区深达数丈，田园淹没，民居漂没数万家，宿州地域亦受其害。

861 年、862 年（唐懿宗咸通二、三年）

旱灾、蝗灾、饥荒：自 861 年秋季至 862 年夏六月，黄淮地区久旱无雨，禾苗尽枯死。后又发生严重蝗灾。灾区普遍闹饥荒，人相食，流落他乡，饿殍露野，道路相望。宿州地域亦严重受灾。

863 年（唐懿宗咸通四年）

水灾：夏七月，宿州地域暴雨连绵，河流横溢，洪涝伤稼。

866 年（唐懿宗咸通七年）

水灾：秋，宿州地域大水，淹损庄稼。

873 年、874 年（唐懿宗咸通十四年、十五年）

873 年秋八月、874 年秋七月，黄淮地区连续两个秋季都发生洪涝灾害。宿州地域亦受灾。

878 年（唐僖宗乾符五年）

水灾：秋，宿州地域埇桥、灵璧、泗县南部地区遭遇连阴雨、浍水漫溢，伤害庄稼。

889—891 年（唐昭宗龙纪元年至大顺二年）

水灾：包括宿州地域在内的徐宿地区连年频遭洪涝灾害，灾区人口骤减十之六七。

893 年（唐昭宗景福二年）

雪灾：冬季，宿州地域大雪成灾，平地二、三尺，酷寒，居民多有冻病冻死者。

902 年（唐昭宗天复二年）

水灾：夏六月，宿州地域连阴雨、久阴不晴、洪涝成灾，庄稼失收。

924 年、925 年（后唐庄宗同光二、三年）

水灾、地震：924 年秋皖苏鲁豫毗邻地区发生洪涝灾害，宿州地域亦受到灾害袭击。925 年夏秋之间，该地区又发生大水灾，大雨连月不止，长达两月余，庄稼被淹，宿州地域受灾惨重。冬十一月下旬，今山东成武县发生 5.75 级地震，宿州地域受波及，震感强烈，民舍或有倒塌。

932 年（后唐明宗长兴三年）

水灾：初夏，宿州地域大水成灾，庄稼失收。

937 年（后晋高祖天福二年）

旱灾：初夏，宿州地域大旱，庄稼失收。

943 年（后晋出帝天福八年）

旱灾、蝗灾、水灾：黄淮地区春夏大旱、秋季大水，后又连遭蝗灾，庄稼绝收，灾区居民饿死者数十万人。宿州地域亦在其列，受灾惨重。

946 年（后晋出帝开运三年）

水灾：秋九月，淫雨连旬，久雨不止，沟河漫溢，淹损庄稼。宿州地域受灾严重。

949 年（后汉隐帝乾祐二年）

旱灾、蝗灾：夏六月，宿州地域大旱，继而又发生严重蝗灾，禾苗尽遭蝗害，蝗虫抱草而死。

953 年（后周太祖广顺三年）

水灾：秋，宿州地域发生洪涝灾害。

959 年（后周恭帝显德六年）

水灾：六月，宿州地域及周边地区大雨连旬不止，河流漫溢，田园被淹，庐舍漂没。

五、宋金时期

962 年（宋太祖建隆三年）

旱灾：春夏之间，宿州地域连续数月久旱不雨，午秋二季庄稼因旱灾减收严重。

963 年（宋太祖建隆四年）

水灾：秋九月，宿州地域大雨成灾，尤以萧县、砀山及埇桥区、灵璧的北部区域为重。

965 年（宋太祖乾德三年）

蝗灾：七月，宿州地域所在的黄淮地区发生大面积的蝗灾，禾苗受灾严重。

966 年（宋太祖乾德四年）

水灾：八月，宿州地域境内唐宋汴河溃堤决口，今埇桥、灵璧、泗县南部地区的田园农舍被淹。

968 年（宋太祖乾德六年）

水灾：夏六月，包括宿州地域在内的黄淮地区大雨成灾，河流泛溢，洪水淹没民田，冲毁村舍。

969 年（宋太祖开宝二年）

水灾：六月、七月，汴河、濉河在今河南夏邑县境内先后决口，洪水漫溢。宿州地域除今砀山外，其余各县区均遭遇洪涝灾害。秋季严重减收。

970 年（宋太祖开宝三年）

夏，宿州地域大雨成灾淹没农田，尤以今砀山、萧县和埇桥区为重。

971 年（宋太祖开宝四年）

水灾：六月，黄河在原武（今河南原阳县境）决口，洪水径古荥阳泽入汴，造成汴河陡涨，汴河复又于今河南永城谷熟镇决口，地处汴河下游的宿州地域除砀山、萧县外皆受来洪水害，庄稼失收。

972 年（宋太祖开宝五年）

水灾：夏，宿州地域淫雨连绵，旬日不晴，涝渍成灾。

974 年（宋太祖开宝七年）

水灾：夏六月，皖苏北部地区暴雨成灾，淮泗并涨，洪水涌入古泗州城（今江苏盱眙境内）。宿州地域尤其是埇、灵、泗三地受灾严重，庄稼被淹，民舍多有倒塌。

978 年（宋太宗太平兴国三年）

水灾：夏六月，宿州地域的灵璧、泗县一带发生水灾。

980 年（宋太宗太平兴国五年）

水灾：夏六月，皖苏豫鲁接壤地区大雨成灾，濉水为之大涨，漫溢成灾。宿州地域普遭洪涝灾害，田园被淹，民舍被毁，庄稼减收。

982 年（宋太宗太平兴国七年）

水灾：秋七月，沿淮地区大雨，淮河泛溢，宿州地域的埇、灵、泗南部地区受灾。

983 年（宋太宗太平兴国八年）

夏五月，黄河在今河南滑县境内决口泛滥，洪水浸泗入淮，皖苏鲁豫接壤处各州县皆遭受洪水侵害。宿州地域各区县田园被淹，民居多有毁坏。宿州境内濉河亦于同年九月泛溢成灾，导致秋季减收。

984 年（宋太宗太平兴国九年）

虫灾：秋九月，宿州地域泗县境内蠓虫为害成灾，桑树叶被食殆尽。

990 年（宋太宗淳化元年）

旱灾、蝗灾：春，宿州地域的砀山、萧县，从正月至四月，久旱不雨，麦子和春种皆受严重影响。七月，又发生蝗灾。

991 年（宋太宗淳化二年）

旱灾：春夏间，包括宿州地域在内的黄淮地区普遍发生旱灾，庄稼失收。

992 年（宋太宗淳化三年）

蝗灾：夏六月，宿州地域的埇、灵、泗地区发生蝗虫、飞蛾灾害。

993 年（宋太宗淳化四年）

水灾：秋，宿州地域阴雨连绵，旬日不止，涝渍严重，庄稼受损。

994 年（宋太宗淳化五年）

水灾：秋，宿州地域的埇桥、泗县、灵璧秋雨连绵不止，涝渍严重，庄稼减收。

996 年（宋太宗至道二年）

水灾、蝗灾：秋七月，汴河在今河南永城县谷熟镇决口，洪水奔流，地处其下游宿州地域的埇桥区、灵璧、泗县皆受害。其后又相继发生严重蝗灾，秋季减收严重。

997 年（宋太宗至道三年）

虫灾：秋七月，宿州地域的砀山及萧县部分地区遭受蝻虫灾害，秋稼受损。

999 年（宋真宗咸平二年）

旱灾：春，宿州地域普遍遭遇旱灾，久旱不雨，庄稼受损减收。

1012 年（宋真宗大中祥符五年）

旱灾：夏，宿州地域的埇桥、灵璧、泗县地区大旱，禾苗枯萎，庄稼减收。

1014 年（宋真宗大中祥符七年）

水灾：夏六月，宿州地域大雨成灾，淹没田园，庄稼减收。

1016 年（宋真宗大中祥符九年）

蝗灾：夏六月，宿州地域的砀山、萧县地区及埇桥区的部分地区遭遇蝗灾。

1019 年（宋真宗天禧三年）

水灾：夏六月，黄河在今河南滑县决口，洪水南泛皖苏鲁豫毗邻地区，宿州地域遭受洪灾。

1021 年（宋真宗天禧五年）

水灾：春三月，宿州地域的砀山、萧县大雨成灾，麦季受影响。

1022 年（宋真宗乾兴元年）

水灾：夏，宿州地域发生水灾

1023 年（宋仁宗天圣元年）

水灾：春，宿州地域发生水灾，春雨连绵，影响麦子成长。宿州连续三年先后发生水灾。

1034 年（宋仁宗景祐元年）

水灾：夏闰六月，淮河、汴河因大雨连绵，水涨漫溢，宿州地域普遍受灾。

1039 年（宋仁宗宝元二年）

水灾：春夏，宿州地域的砀山、萧县发生蝗灾。

1044 年（宋仁宗庆历四年）

旱灾：春二月，黄淮地区久旱无雨，宿州地域受灾。

1057 年（宋仁宗嘉祐二年）

水灾：夏秋，包括宿州地域在内的皖苏豫毗邻地区发生水灾，洪涝浸没田园农舍。洪水环围古泗州城（位在今江苏盱眙境内）。

1061 年（宋仁宗嘉祐六年）

水灾：秋七月，黄淮地区淫雨连绵，涝渍成灾。泗州境内淮水漫溢，宿州地域的泗县及邻边地区遭遇洪涝灾害。

1064 年（宋英宗治平元年）

水灾：夏，黄淮地区暴雨成灾。宿州地域亦受水灾。

1074 年（宋神宗熙宁七年）

旱灾：自春至夏久旱无雨，酿成大旱，午秋二季皆受影响。宿州地域遭受旱灾。

1076 年（宋神宗熙宁九年）

旱灾：秋八月至次年春，鲁西、豫东和宿州毗邻地区普遭大旱，宿州地域的砀山、萧县受波及，旱情严重。

1077 年（宋神宗熙宁十年）

水灾：秋七月，黄河在澶州曹村埽（今河南濮阳境内）决口，洪水南下巨野泽，夺泗水入淮河，徐州城被洪水围困 70 多天。和徐州毗邻的宿州地域，除砀山受影响稍轻点外，其余各县区皆遭受严重洪灾，大水淹没田园，冲毁民居，灾民流离失所。

1078 年（宋神宗元丰元年）

水灾：夏，宿州地域及周边地区，大雨成灾，淮河漫溢，庄稼减收。

1079 年（宋神宗元丰二年）

旱灾：春夏间，皖、苏、鲁、豫接壤区发生旱灾，宿州地域受灾。

1080 年（宋神宗元丰三年）

水灾：秋七月，黄河再次于澶州（今河南濮阳）决口，洪水亦如 1077 年南下夺泗入淮，淹没大片区域，宿州地域亦遭其来洪祸害。

1081 年（宋神宗元丰四年）

水灾：夏，沿淮地区大雨成灾，淮河泛涨。宿州地域沿淮的埇桥、灵璧、泗县等地区，发生水灾。

1083 年（宋神宗元丰六年）

水灾：夏闰六月，宿州地域因雨成灾，汴河漫溢，沿汴河区域遭受水灾。

1086—1088 年（宋哲宗元祐元年至三年）

旱灾：1086—1087 年，黄淮地区连续两年春季都是久旱无雨，夏秋收成皆因此而减收，1088 年秋又是个大旱之季，秋粮减收。宿州地域这三年亦是连遭旱灾影响。

1093 年（宋哲宗元祐八年）

水灾：夏四月至秋八月，黄淮地区多雨水，尤其是夏秋之交，阴雨连绵，大雨频频，洪涝成灾，宿州地域受灾严重。

1098 年（宋哲宗元符元年）

水灾：夏秋，鲁西、豫东、苏皖北部地区淫雨连绵，黄河澶州（今河南濮阳）段漫溢为灾。宿州地区的砀山，萧县发生洪涝灾害，其余各县区亦受波及，但为灾稍轻。

1101 年（宋徽宗建中靖国元年）

旱灾：春夏间，宿州地域及周边地区久旱无雨，遭遇大旱。

1102 年（宋徽宗崇宁元年）

蝗灾：夏季，包括宿州地域在内的黄淮地区发生蝗灾。此后的 1103 年、1104 年，黄淮地区亦先后发生蝗灾，宿州地域亦连续发生蝗灾。

1108 年（宋徽宗大观二年）

旱灾：自六月至十月，包括宿州地域在内的黄淮地区发生严重旱灾。久旱无雨，庄稼严重减产。

1111 年（宋徽宗政和元年）

旱灾：夏四月，黄淮地区大旱，宿州地域亦受旱灾影响。

1118 年（宋徽宗重和元年）

水灾：夏，宿州地域发生水灾。

1119 年、1120 年（宋徽宗宣和元年、二年）

旱灾：1119 年秋和 1120 年夏秋间，宿州地域连续两年发生旱灾，庄稼减收。

1121 年（宋徽宗宣和三年）

蝗灾：黄淮地区发生蝗灾，宿州地域亦受灾。

1124 年（宋徽宗宣和六年）

水灾：夏秋间，皖苏鲁豫相邻地区发生水灾，宿州地域的砀山、萧县受灾较重，其余县区受影响稍轻。

1128 年（宋高宗建炎二年）

水灾：冬，南宋守将杜充为阻金兵南下，于今河南滑县境内决开李固渡黄河大堤，河水南泛汉魏古汴水夺泗浸淮。黄淮地区各地皆受水患影响，宿州地域亦受其害。

1145 年（金熙宗皇统五年）

（注：宋金南北分治时期，宿州地域隶属于金，故采用金朝纪年）

蝗灾、水灾：秋七月，宿州地域及周边地区发生蝗灾，飞蝗蔽日，庄稼严重受害。秋九月，黄河于今河南滑县李固渡决口南泛，宿州地域遭受严重洪灾，损失惨重。

1163 年、1164 年（金世宗大定三年、四年）

蝗灾：1163 年春三月和 1164 年秋八月，华北平原广大地区先后两次发生严重蝗灾。宿州地域亦受蝗灾。

水灾：1164 年，夏七月，宿州地域及周边地区暴雨成灾，淮河漫溢，大水淹没田园，毁庐舍，灾民溺死甚众，洪水浸入古泗州城（今江苏盱眙境内），街市上行舟。

1168 年（金世宗大定八年）

水灾：夏六月，黄河在今河南濮阳李固渡决口，洪水南下溃曹州（今山东菏泽），入徐州，泛滥宿州地域，酿成大灾。

1169 年（金世宗九年）

水灾：春二月，皖北、鲁南、苏北等地春雨连绵成灾，宿州地域全境皆受灾，尤以萧县、砀山为重。

1176年（金世宗大定十六年）

旱灾、蝗灾：春夏间，宿州地区的萧县、砀山及今埇桥区北部普遍遭受旱灾、蝗灾。

1180年（金世宗大定二十年）

水灾：冬，黄河在今河南汲县境内决口，南泛皖苏鲁豫接壤地区，宿州地域的砀山、萧县遭受洪灾。

1194年（金章宗明昌五年）

水灾：秋八月，黄河在今河南原阳境内决口，其主流向东南泛侵汉魏时期的古汴河，夺泗水，再入淮河，沿途皆受其害。宿州地域的砀山、萧县受灾尤甚。其余县区也都到洪涝灾害的冲击。

1201年（金章宗泰和元年）

旱灾：春夏间，宿州地域及周边地区遭遇大旱，禾苗枯萎，庄稼减收。

1208年（金章宗泰和八年）

蝗灾：春夏间，黄淮地区发生蝗灾，宿州地域亦受其害。

1210年、1211年（金卫绍王大安二、三年）

旱灾：1210年夏，黄淮地区北部从是年四月至六月久旱无雨，麦枯苗焦，午秋二季庄稼受旱减收。宿州地域亦受旱灾影响。1211年春三月，宿州地域又发生旱灾。

1212年（金卫绍王崇庆元年）

旱灾：春夏之交和秋冬时节，包括宿州地域在内的黄淮地区先后两次遭遇大旱灾。

1215年（金宣宗贞祐三年）

旱灾：夏，宿州地域遭遇旱灾，禾苗枯萎，沟河干涸，庄稼失收。

1216年（金宣宗贞祐四年）

蝗灾：夏五月，宿州地域发生蝗灾，蝗虫遮天蔽日，禾苗、树叶、草木被食殆尽，庄稼几近绝收。

1217 年（金宣宗兴定元年）

雹灾：夏五月，宿州地域的砀山、萧县二地，大雨冰雹砸伤庄稼，减收。

1218 年（金宣宗兴定二年）

蝗灾：夏四月、六月和秋七月，黄淮地区先后发生蝗灾，宿州地域亦受蝗害。

1225 年（金哀宗正大二年）

水灾：初夏，宿州地域大雨成灾，麦季大为减收。

1226 年（金哀宗正大三年）

雹灾：夏四月，宿州地域及周边地区发生大雨冰雹灾害，麦季减收。

（附注：金亡国于1234 年。自1234 年至元朝正式建立的三十多年间，包括宿州地域在内的黄淮地区一直处于蒙古军队和南宋军队争夺拉锯的战场，隶属多变，属南北政权都无暇顾及地区。故而，有关这一时段此地域发生的各种自然灾害的历史记载也基本属于空白，无法查找搜寻，只好暂付阙如。所以此编中自1226 年至1262 年之间，亦有长达三十多年的空白。）

六、元朝时期

1262 年（元世祖中统三年）

雹灾：夏五月，宿州地域及周边地区遭遇大雨冰雹灾害，砸伤禾苗及即将成熟的麦子，致失收减产。

1265 年（元世祖至元二年）

旱灾、蝗灾：夏，华北平原南部的皖苏鲁豫接壤地区发生干旱并发蝗灾，秋粮失收。宿州地域亦受旱灾、蝗灾影响，减产失收。

1266 年（元世祖至元三年）

水灾、旱灾：夏五月，宿州地域大雨成灾，濉水漫溢，尤以宿州、灵璧、泗县三地受灾严重，洪涝淹没庄稼，麦季减产甚多。秋后又遇持续大旱，自是年八月至次年二月，久晴无雨致使冬麦无法播种。

1269 年（元世祖至元六年）

蝗灾：夏六月，黄淮地区普遍发生蝗灾。宿州地域亦受蝗灾危害。

1270 年（元世祖至元七年）

蝗灾：夏五月，黄淮地区发生蝗灾。宿州地域亦受其害。

1271 年（元世祖至元八年）

蝗灾：夏六月，华北平原大面积发生蝗灾。宿州地域亦受害。

1273 年（元世祖至元十年）

水灾：夏七月，黄淮地区发生洪涝灾害。宿州地域亦遭遇大水灾，庄稼失收。

1277 年（元世祖至元十四年）

水灾：夏五月，黄淮地区及山东鲁西地区发生特大洪涝灾害，平地水深丈余，低洼地区水深三几丈。庄稼悉被淹没绝收，田舍被冲毁倒塌，居民多有溺死者。损失惨重。宿州地域亦深受其害。

1280 年（元世祖至元十七年）

蝗灾：夏五月，宿州地域发生蝗灾，禾苗受损、影响秋季收成。

1283 年（元世祖至元二十年）

水灾、雹灾：夏六月，黄淮地区暴雨成灾，河流漫溢。宿州地域洪涝灾害严重，田园庄稼被淹，村舍民居多被冲毁，灾民流离失所。其间还曾发生过冰雹伤稼之灾。

1285 年（元世祖至元二十二年）

蝗灾：四月，宿州地域发生蝗灾，麦苗受损严重，大幅减产。

1286 年（元世祖至元二十三年）

水灾：夏六月，华北平原，发生大水灾，宿州地域各县亦受水灾，庄稼失收。

1288 年（元世祖至元二十五年）

水灾、雹灾：春三月，宿州地域东部埇桥、灵璧、泗县等三县区发生大雨冰雹灾害，灵、泗二地尤重，冰雹大如鸡卵，损伤禾苗。夏又暴雨成灾，洪水、涝渍并发，损伤惨重。

1289 年（元世祖至元二十六年）

蝗灾：夏秋之交，黄淮地区中东部包括宿州地域在内的大片区域发生蝗灾。

1292 年（元世祖至元二十九年）

蝗灾：夏六月，黄淮地区发生蝗灾，宿州地域亦受害，秋季禾苗受损严重。

1295 年（元成宗元贞元年）

旱灾：夏秋间，从七月至九月。宿州地域的泗县，灵璧地区久旱无雨，禾苗枯死，秋粮几近绝收。

1296 年（元成宗元贞二年）

水灾、蝗灾：夏，宿州地域中东部的泗县、灵璧及埇桥区东南部，暴雨成灾，庄稼受淹。秋八月，宿州地域又发生严重蝗灾，秋季大幅减产。

1297 年（元成宗大德元年）

水灾、旱灾、蝗灾、饥荒：春，包括宿州地域在内的黄淮地区春雨连绵，大雨成灾，麦田涝渍严重。秋八月宿州地域东部的泗县、灵璧及埇桥区的局部地区遭遇旱灾，秋粮减收。夏六月，宿州地域的砀山、萧县、埇桥区及灵璧、泗县局部地区发生蝗灾，秋庄稼受损。秋冬季，宿州地域普遍发生程度不同的饥荒。

1298 年（元成宗大德二年）

水灾、旱灾、蝗灾：夏六、七月间，豫东、皖北地区及苏北的徐州等地连降暴雨，黄河在今河南杞县等地先后多处决口，滚滚黄流直泻东南，皖豫苏毗邻处皆被洪水所害。宿州地域亦为洪涝灾害所苦，损失惨重。是年秋，宿州地域的泗县、灵璧及埇桥区的局部地区又遭遇旱灾，秋粮减产。前述地区在遭遇旱灾的同时，又发生蝗灾，对秋季农作物更是雪上加霜。

1299 年（元成宗大德三年）

水灾：秋，宿州地域及周边各州县发生大水灾，秋季减收。

旱灾：秋九月，宿州地域的泗县、灵璧及相邻州县遭遇旱灾，影响秋收秋种。

蝗灾：初秋七月，宿州地域的泗县、灵璧及相邻边州县发生蝗灾，秋季农作物受损减收。

饥荒：冬，宿州地域的灵璧、泗县因是年秋季收成大减，发生饥荒，灾民出现外流现象。

1300 年（元成宗大德四年）

旱灾：夏五月，宿州地域及周边地区发生旱灾，影响夏种。

1301 年（元成宗大德五年）

水灾：夏，宿州地域及相邻州县，遭遇大水灾，尤以砀山、萧县及埇桥局部地区为重。

蝗灾：秋，宿州地域的砀山、萧县及埇桥区发生蝗灾，秋庄稼受害。

1302 年（元成宗大德六年）

水灾：宿州地域及相邻州县于五月开始，阴雨连绵，近五十日不晴，涝渍严重，秋粮严重减收。

蝗灾：春夏间，宿州地域的泗县、灵璧发生蝗灾，麦子及秋苗受害。

1303 年（元成宗大德七年）

饥荒：春二月，宿州地域及周边各州县发生大饥荒，原因当是前一年这一带曾发生严重的水、旱、蝗等灾害，麦秋两季粮食减收或几近绝收所致。

1304 年（元成宗大德八年）

旱灾、蝗灾：冬至次年春，宿州地域大旱。夏，蝗虫遍地，禾苗草木被食殆尽。

1305 年（元成宗大德九年）

水灾：秋八月，皖苏豫鲁毗邻区大雨成灾，河流漫溢，田禾被淹，秋庄稼受损减收。宿州地域亦受水灾。

1306 年（元成宗大德十年）

蝗灾：四月，黄淮地区发生大面积蝗灾。宿州地域亦遭受蝗灾。

饥荒：四月，宿州地域的泗县、灵璧等地及其东邻、南邻各州县发生大饥荒。原因当是前一年秋季因洪涝灾害严重减收所致。

1307 年（元成宗大德十一年）

水灾：夏六月，皖北、豫东、苏北广大地区暴雨成灾，洪、涝渍致使秋季作物受淹减收。宿州地域亦遭遇洪涝灾害。

饥荒：秋，宿州地域发生饥荒。

1308年（元武宗至大元年）

旱灾：春，宿州地域及周边州县地区发生旱灾，麦季减收。

蝗灾：包括宿州地域在内的黄淮地区先后于春二月，秋八月发生蝗灾。

饥荒：宿州地域的泗县、灵璧地区于春发生饥荒；而埇桥区和砀山、萧县则于夏六月发生饥荒，局部饥荒严重地区甚至有人相食现象，有的则大批逃荒外地。

1309年（元武宗至大二年）

水灾：七月，黄河先后于商丘及封丘县溃决，洪水淹没皖豫苏毗邻地区各州县，宿州地域亦受洪灾祸害。初冬，宿州地域的萧县、砀山及埇桥局部地区又遭连阴雨，冬麦受涝渍侵害，影响生长。

1310年（元武宗至大三年）

水灾：秋末初冬，黄淮地区连阴雨，久雨不晴，形成涝渍，宿州地域亦受影响。

旱灾：十月，宿州地域的萧县、砀山及埇桥、灵璧的局部地区发生旱灾。

蝗灾：秋八月，宿州地域及周边地区发生蝗灾。

1311年（元武宗至大四年）

水灾：六月，宿州地域及周边地区暴雨成灾。

1312年（元仁宗皇庆元年）

大雨冰雹：五月，宿州地域局部地区局部地区发生大雨冰雹灾害，即将成熟的麦子及禾苗受损。

1313年（元仁宗皇庆二年）

水灾：六月，黄河上游河南境内发生洪涝灾害，黄河在河南境内多处决口，地处其下游的宿州地域多被来洪殃及，造成损害。

1314年（元仁宗延祐元年）

水灾：夏，皖北、苏北及豫东地区发生洪涝灾害，宿州地域全境受灾，庄稼减收。

1315 年（元仁宗延祐二年）

水灾：夏秋，宿州地域及其周边州县发生水灾，庄稼受淹。

1316 年（元仁宗延祐三年）

饥荒：四月，宿州地域各地发生饥荒，灾民纷纷南逃淮南及沿江各地。原因当是前一年水灾秋粮大幅减收，或是绝收所致。

1317 年（元仁宗延祐四年）

饥荒：春，宿州地区及周边州县普遍发生饥荒，成因不详。

1319 年（元仁宗延祐六年）

水灾：六月，华北平原大雨成灾，宿州地域及周边县皆遭受洪涝灾害。

1320 年（元仁宗延祐七年）

饥荒：十二月，宿州地域及周边州县发生大饥荒，成因不详。许是因前一年夏秋洪涝灾害所致，或是是年夏秋间，地处上游的皖豫毗邻区大雨成灾，黄河在郑州荥泽附近决口，洪水下泄，侵及宿州地域成灾而致。

1321 年（元英宗至治元年）

水灾：七月，淮安路属县大雨成灾，宿州地域的泗县、灵璧及邻近的埇桥区东南部地区受到波及、涝渍严重，秋季减产。冬，宿州地域的砀山、萧县地区又因雨雪成灾。

饥荒：二月，宿州地域所处的皖苏豫毗邻地区发生大饥荒，惊动官府发粮赈济。成因不详。

1322 年（元英宗至治二年）

水灾：七月，宿州地域东部的泗县、灵璧及毗邻地区暴雨成灾，形成涝渍，秋稼受损减收。冬季，宿州地域及周边地区雨雪成灾。

旱灾：三月至六月，宿州地域及周边地区久旱少雨，尤以东部的泗县、灵璧地区为重。

饥荒：春夏间，宿州地域普遍发生饥荒。

1323 年（元英宗至治三年）

饥荒：九月，宿州地域的泗县、灵璧等地区发生饥荒，成因不详。许是午季因灾歉收或前一年该地区水旱灾害造成的。

1324 年（元泰定帝泰定元年）

旱灾：六月，包括宿州地域在内的黄淮地区普遭旱灾，秋季减收。

1325 年（元泰定帝泰定二年）

水灾：六月，宿州地域全境遭遇水灾。

蝗灾：九月，宿州地域及周边地区发生蝗灾。

饥荒：三月，宿州地域及相邻地区发生饥荒，成因不祥。许是前一年秋遇大旱减收所致。其后八月，宿州地域再次发生饥荒。成因当是夏秋间水灾、蝗灾，导致秋粮大幅减收酿成。

1326 年（元泰定帝泰定三年）

水灾：二月，黄河在河南商丘一带溃堤，洪水东泄，侵及宿州地域，淹没田园村舍，麦季受损。

蝗灾：七月，宿州地域的中东部泗县、灵璧及埇桥东南局部地区发生蝗灾。秋稼受害减收。

1327 年（元泰定帝泰定四年）

水灾：夏秋间，皖北豫东和苏北地区淫雨连绵不止，黄河在河南开封境内决口，洪水东泛，侵害宿州地域，淹没田园民舍，受灾严重。

冰雹：五月，宿州地域的泗县、灵璧遭遇大雨冰雹侵害。即将成熟的麦子及禾苗受损害。

旱灾：八月，宿州地域及周边州县发生旱灾。

饥荒：春夏之季，从正月至五月间，宿州地域所在的皖苏豫接壤地区发生大范围的饥荒。原因许是前一年该地区曾发生水灾、蝗灾歉收所致。

1328 年（元泰定帝致和元年）

水灾：二月，黄河在宿州地域砀山境内溃堤，洪水泛滥，宿州地域全境受灾，麦田受淹。

饥荒：春夏间，宿州地域发生饥荒。

1329 年（元文宗天历二年）

水灾：六月，皖苏豫鲁接壤地区大雨成灾，宿州地域全境遭遇水灾，秋稼受淹，减收。

蝗灾：七月，宿州地域的泗县、灵璧地区发生蝗灾。

饥荒：四月，宿州地域发生饥荒。

1330 年（元明宗至顺元年）

蝗灾：五月，宿州地域及周边地区发生蝗灾。七月，宿州地域及周边地区再度发生蝗灾。

1331 年（元明宗至顺二年）

水灾：七月，宿州地域及周边地区大雨成灾，秋稼受淹减收。

蝗灾：六月、七月间，包括宿州地域在内的黄淮地区普遭蝗灾。

1333 年（元顺帝元统元年）

水灾：六月，黄河漫溢，宿州地域濉河溃决，低洼地区积水数尺，禾苗被淹，房屋倒塌，人畜死亡不计其数，全境普遭洪灾，损失惨重。

1334 年（元顺帝元统二年）

旱灾：黄淮地区遭遇大旱，自四月至八月久晴不雨，庄稼严重减收。

1335 年（元顺帝至元元年）

旱灾：四月，宿州地域及周边地区发生旱灾。

1336 年（元顺帝至元二年）

蝗灾：秋末，宿州地域及周边地区发生旱灾。

1337 年（元顺帝至元三年）

水灾：六月，今河南境内黄河漫溢，宿州地域洪涝成灾，秋稼受损。

地震：八月，黄淮地区发生地震，震中心在何处不详。宿州地域有感。

1339 年（元顺帝至元五年）

水灾：夏，宿州地域的泗县及灵璧县东部地区大雨成灾，秋稼受淹。

1340 年（元顺帝至元六年）

饥荒：正月，宿州地域中西部的埇桥、萧县、砀山地区发生饥荒，成因不详。

1341 年（元顺帝至正元年）

水灾：夏，宿州地域大雨成灾，加之黄河在皖苏豫交界处决口漫溢，南泛濉水，宿州境内濉水暴涨溃堤，宿州地域沿濉两岸地区被灾，洪水淹没田园村舍，受灾严重。

1343 年（元顺帝至正三年）

水灾：宿州地域及周边州县是年四月至七月，阴雨连绵，少有晴日，午季歉收，秋稼受损。

饥荒：十二月，宿州地域及邻边州县发生饥荒。

1344 年（元顺帝至正四年）

水灾：五月，宿州地域及毗邻地区大霖雨，多日不止，加之黄河在豫、鲁接壤处的白茅堤处决口，洪水向东南奔涌下泄，平地水深丈余，田园被淹，庄稼几近绝收。民居被毁，灾民流离失所，损失惨重。

饥荒：冬，宿州地域及周边地区因当年夏秋水灾严重，几近绝收，酿成大饥荒。

1345 年（元顺帝至正五年）

瘟疫：春，宿州地域所处的黄淮地区普遍发生瘟疫，病死者甚多，难以计数。

饥荒：春，宿州地域在流行瘟疫同时，又发生大饥荒，两灾叠加，人口减少半数左右。

1346 年（元顺帝至正六年）

水灾：夏秋季，黄河再次于皖豫苏鲁交界处决口，宿州地域受黄泛影响被灾。

地震：二月，山东济南与泰安以东地带发生地震，宿州地域受波及有感。

1347 年（元顺帝至正七年）

地震：二月至五月，山东境内济南、泰安至东阿、阳谷、东明一带先后多次发生地震，许是前一年地震的余震，宿州地域受波及有感。

1349 年（元顺帝至正九年）

水灾：七月，黄淮地区阴雨连绵，月余不止，涝渍成灾，加之黄河再次于白茅堤处决溃，黄水泛滥东南流夺濉、汴诸河道，宿州地域深受其害，田园淹没，庄稼严重失收。

1351 年（元顺帝至正十一年）

水灾：七月，大雨成灾，黄河在河南永城、黄陵岗溃决，宿州地域遭遇洪涝灾害，损失惨重。

1354 年（元顺帝至正十四年）

地震：11 月，苏北连云港地区发生地震，宿州地域震感强烈。

1356 年（元顺帝至正十六年）

瘟疫：包括宿州地域在内的黄淮地区流行瘟疫，病死者甚多。

1357 年（元顺帝至正十七年）

蝗灾：夏，宿州地域中东部的埇桥区、灵璧、泗县地区发生蝗灾，秋稼严重受害减收。

饥荒：宿州地域发生大饥荒。

1366 年（元顺帝至正二十六年）

水灾：皖苏鲁接壤处于是年春大雨成灾，涝渍浸害麦田，麦季减产。

地震：三月连云港发生地震，宿州地域有感。

1367 年（元顺帝至正二十七年）

旱灾：夏，宿州地域发生大旱灾，秋稼大幅减收。

地震：五月，山东济南泰安一带发生地震，宿州地域有感。九月、十月间，江苏徐州发生地震。地震中心在丰县，震级 4 级，烈度 5 级。宿州地域震感明显。

七、明朝时期

1371 年（明太祖洪武四年）

旱灾：八月，宿州地域各地发生旱灾。

1372 年（明太祖洪武五年）

蝗灾：七月，徐州及其周边县发生严重蝗灾，宿州地域的砀山、萧县及埇桥、灵璧的北部地区皆受灾。

1375 年（明太祖洪武八年）

水灾：七月，宿州地域全境遭受洪涝灾害。庄稼被淹，秋粮严重减收。

1376 年（明太祖洪武九年）

旱灾：夏，宿州地域普遍遭遇旱灾，尤以东部的灵璧、泗县旱情严重，秋稼多枯死。

瘟疫：宿州地域的灵璧、泗县于是年流行瘟疫。疫病殁者难以计数。

1387 年（明太祖洪武二十年）

旱灾：宿州地域及周边地区大旱，庄稼歉收。

1390 年（明太祖洪武二十三年）

水灾：黄河先后在河南商丘、开封决口，洪水漫溢横流，宿州地域全境受波及，局部地区田禾被淹影响收成。

1391 年（明太祖二十四年）

旱灾：夏秋，宿州地域普遭旱灾，尤以西部砀山、萧县地区为重。

1392 年（明太祖洪武二十五年）

水灾：春，黄河在河南原阳、开封一带决口，洪流东泄，宿州地域各地受到黄泛波及，庄稼被淹。

1397 年（明太祖洪武三十年）

水灾：秋末，宿州地域东部的泗县、灵璧地区遭遇连阴雨，淫雨伤稼，秋收、秋种受影响。

1403 年（明成祖永乐元年）

旱灾：夏秋间，宿州地域发生旱灾，尤以东部的泗县、灵璧地区为重。

1405 年（明成祖永乐三年）

旱灾：春，宿州地域的埇桥、灵璧、泗县的南部地区发生旱灾，麦子、春种受影响。

1406 年（明成祖永乐四年）

水灾：八月，秋雨连绵，宿州地域涝渍成灾。黄河在徐州吕梁洪处决口，洪水直泄东南，宿州地域的灵璧、泗县及埇桥区东部，受灾严重，低洼处水深丈余，田园村舍被淹，许多地方几近绝收。

1412 年（明成祖永乐十年）

水灾：夏秋间，宿州地域大雨成灾，庄稼歉收。

饥荒：冬至次年春，宿州地域发生饥荒，官府赈济。

1413 年（明成祖永乐十一年）

水灾：夏，宿州地域大雨成灾，涝渍严重，大部分地区几近绝收。

饥荒：宿州地域于是年冬至次年春发生大饥荒，灾民饥困乏食，夫妻父子相弃，流落他乡，卖儿卖女，饿殍露野相望，惨象至极。

1415 年（明成祖永乐十三年）

旱灾：春夏间，宿州地域久旱无雨，尤以东部泗县、灵璧地区为重，麦季、秋禾受到影响。

水灾：六月，宿州地域大雨成灾，河流漫溢，淹没田园村舍。尤以北部的砀山、萧县及埇桥部分地区为重。

饥荒：秋冬，宿州地域发生大饥荒。

1418 年（明成祖永乐十六年）

水灾：十月，黄河在河南境内溃决，黄洪东下，泛及宿州地域，局部地区田园被淹没，伤及稼禾。

1421 年（明成祖永乐十九年）

水灾：夏秋，宿州地域发生大水灾，尤以砀山、萧县为重。

1422 年（明成祖永乐二十年）

水灾：六月，宿州地域大雨成灾，淫雨连绵，涝渍伤稼。

1424 年（明成祖永乐二十二年）

水灾：九月，黄河在河南境内决口，泛滥成灾，宿州地域的砀山、萧县受影响，中东部的埇桥、灵璧、泗县等地，淫雨连绵，涝渍成灾，伤及庄稼。

1425 年（明仁宗洪熙元年）

水灾：夏秋间，宿州地域及其相邻州县普遭水灾，几近绝收。灾民闹饥荒，流徙他乡。

1426 年（明宣宗宣德元年）

水灾：九月，宿州地域埇桥区境内濉水决溢，符离桥被冲毁，埇桥区受洪涝影响较大，灵璧、泗县局部地区亦受灾。

1427 年（明宣宗宣德二年）

水灾：夏秋间，宿州地域及邻边州县，大雨成灾，久雨不晴，河水泛滥，秋禾被淹，许多地方几近绝收。

1430 年（明宣宗宣德五年）

水灾：六、七月，宿州地域的砀山连阴多雨，涝渍成灾，萧县亦受波及。

1431 年（明宣宗宣德六年）

水灾：七月，宿州地域的砀山、萧县及埇桥区大雨连绵，涝渍成灾，部分地区田禾被淹没，减收。

1432 年（明宣宗宣德七年）

旱灾：春夏，宿州地域全境久旱无雨，庄稼几近绝收。灾民饥荒乏食。

蝗灾：夏秋，宿州地域蝗虫为害，田禾被食殆尽。

1433 年（明宣宗宣德八年）

旱灾：宿州地域及周边地区，从春至夏久旱无雨，麦子、禾苗枯焦，河流干涸，庄稼绝收，百姓饥荒。

1434 年（明宣宗宣德九年）

水灾：六、七月间，宿州地域大雨成灾，河水漫溢，淹没田园村舍，庄稼失收。

饥荒：秋冬至次年春，宿州地域因连续多年的旱灾、水灾，迭相侵害，庄稼不是严重歉收，就是绝收。百姓乏食，只好流徙他处，逃往异乡。

1435 年（明宣宗宣德十年）

蝗灾：夏秋间，宿州地域的泗县、灵璧地区发生蝗灾，庄稼受损。

1436 年（明英宗正统元年）

雹灾：六月中旬，宿州地域的泗县及灵璧部分地区大雨冰雹成灾，伤损秋稼。

1437 年（明英宗正统二年）

水灾：夏秋间，宿州地域及邻边州县，大雨连绵，黄河、淮河并涨漫溢，洪涝叠加，淹没田园村舍，损失惨重，乡民流离失所。

旱灾、蝗灾：春末，宿州地域的灵璧、泗县地区继干旱之后又发生蝗灾，麦子、禾苗受害。

1438 年（明英宗正统三年）

水灾：七月，宿州地域及周边地区大雨成灾，黄河、淮河并涨漫溢，淹没田园村舍，秋稼歉收。

旱灾：五六两月，宿州地域及相邻州县普遇旱灾，久晴无雨，秋禾深受影响。

1439 年（明英宗正统四年）

蝗灾：五月、七月，宿州地域全境先后两次发生蝗灾，午秋两季皆受损害，歉收。

1440 年（明英宗正统五年）

蝗灾：五月，宿州地域全境发生蝗灾。

1441 年（明英宗正统六年）

水灾：六月，宿州地域的泗县、灵璧地区遭遇连阴雨，涝渍成灾，秋稼减收。

1442 年（明英宗正统七年）

水灾：五月至六月，宿州地域及周边地区淫雨连绵，涝渍伤稼，午秋两季皆减收。萧县、砀山尤重，午季几近绝收。

蝗灾：四月，宿州地域发生蝗灾，麦子受损。

1443 年（明英宗正统八年）

水灾：七月，宿州地域久雨不晴，黄河及境内河道漫溢，洪涝成灾，庄稼受淹。

1445 年（明英宗正统十年）

旱灾：夏秋间，连月无雨，秋禾枯死，几近绝收。

1446 年（明英宗正统十一年）

水灾：夏秋间，阴雨连绵，河流漫溢洪涝并发，田园村舍大多被淹，宿州地域全境受灾，秋粮几近绝收。

1447 年（明英宗正统十二年）

旱灾：七月间，宿州地域及周边地区发生旱灾。

蝗灾：七月，宿州地域发生蝗灾，秋禾受害严重。

1448 年（明英宗正统十三年）

水灾：五、六月间，宿州地域遭受连阴雨，涝渍成灾，麦收、秋禾皆受影响减产。

1450 年（明代宗景泰元年）

旱灾：夏秋间，宿州地域及周边各地久旱无雨，秋粮严重减收。

1452 年（明代宗景泰三年）

水灾：八月，宿州地域及周边地区大雨连旬，洪涝成灾，低洼地水深丈余，田园淹没，村舍被毁，秋粮几近绝收，灾民流离失所。

瘟疫：水灾过后，瘟疫流行，宿州地域各地皆有疫病发生，病死者无数。

饥荒：秋冬，宿州地域灾民严重缺粮，只好外出乞讨，流徙他乡，道路饿殍露野相望。

1453 年（明代宗景泰四年）

水灾：二月至三月，宿州地域及相邻徐州等州县春雨连绵，渍涝成灾，麦苗多淹死，春种亦无法及时播种，五月中，复又大雨成灾，麦季基本无收成，故而酿成夏荒。

旱灾：六月，宿州地域的灵璧、泗县及埇桥局部地区无雨大旱，庄稼受旱减收。

寒雪灾：冬至次年初春，宿州地域及周边州县，大雪连绵，平地雪深数尺，酷寒难耐，人畜冻死数以万计。

1454 年（明代宗景泰五年）

水灾：七月，宿州地域大雨成灾，秋稼受淹。

雪灾、酷寒，是年初春，大雪连绵，平地深数尺，酷寒难耐，冻病冻死人畜难以计数。

1455 年（明代宗景泰六年）

蝗灾：七月，宿州地域发生蝗灾，秋稼受损严重。

1456 年（明代宗景泰七年）

水灾：五月、六月，宿州地域及周边州县，大雨连绵，黄河决口，洪涝成灾，田园淹没，几近绝收。

蝗灾：初秋，水灾过后复又出现旱情，宿州地域飞蝗为灾。

1457 年（明英宗天顺元年）

水灾：夏，宿州地域及周边地区大雨成灾，加之黄河多处决口，洪水漫溢，淹没田园村舍，庄稼受损。

旱灾：初秋，宿州地域东部泗县、灵璧一带发生旱灾。

蝗灾：初秋，宿州地域的泗县、灵璧地区在旱灾的同时复又遭受蝗灾，秋稼受损减收。

1460 年（明英宗天顺四年）

水灾：夏，宿州地域及相邻州县，大雨连绵，洪涝叠加，秋粮几近绝收。

1461 年（明英宗天顺五年）

水灾：九月，宿州地域暴雨成灾，秋稼受影响。

1463 年（明英宗天顺七年）

水灾：五月，宿州地域及周边州县，阴雨连绵，即将收割的麦子受淹霉烂。秋季作物大多受涝渍淹死。

1464 年（明英宗天顺八年）

水灾：夏，宿州地域东部的灵璧、泗县地区遭遇水灾，秋粮减产。

1465 年（明宪宗成化元年）

水灾：六、七月间，宿州地域及其周边地区大雨成灾，洪涝叠加，田园淹没，秋粮大幅减收。

1466 年（明宪宗成化二年）

瘟疫：五月，宿州地域所在的凤阳府地区发生大范围的瘟疫，病死者难以计数。

1467 年（明宪宗成化三年）

水灾：夏，宿州地域的萧县、砀山地区发生水灾。

1470 年（明宪宗成化六年）

旱灾：夏，宿州地域的灵璧、泗县及埇桥部分地区发生旱灾。

蝗灾：夏，宿州地域的灵璧、泗县及埇桥部分地区发生蝗灾，秋禾受伤害，减收。

1471 年（明宪宗成化七年）

水灾：五月，宿州地域及周边地区大雨成灾，洪涝积水淹没田园村舍，午收受影响减产。

1472 年（明宪宗成化八年）

水灾：七月，宿州地域暴风骤雨连连，洪水涝渍，淹没田禾，冲毁民舍，人畜多有溺死者，秋季严重减收，从而导致饥荒发生。

1473 年（明宪宗成化九年）

水灾：夏秋间，宿州地域及周边地区阴雨连绵，洪水、涝渍淹没田禾，漂没民舍，秋粮大幅减收。

1474 年（明宪宗成化十年）

水灾：夏秋，宿州地域全境遭遇大水洪涝灾害。

1476 年（明宪宗成化十二年）

水灾：八月，宿州地域及周边州县，发生大水灾，淹没田禾，秋季大幅减收。

1477 年（明宪宗成化十三年）

水灾：九月，宿州地域暴雨成灾，淮河溃决，淹没田园村舍，溺死人畜无数，秋粮减收严重。

地震：正月，宿州地域及周边地区发生地震，地震中心在何处？不详，宿州地域震感明显，声如雷鸣。

1478 年（明宪宗成化十四年）

水灾：春夏间，宿州地域大风雨，涝渍成灾，房屋多有倒塌，麦子几近绝收，秋粮亦无望，从而酿成饥荒。

1479 年（明宪宗成化十五年）

旱灾：夏，宿州地域久旱无雨，禾苗枯死，秋粮减收。

1480 年（明宪宗成化十六年）

水灾：秋，宿州地域及邻近徐州地区发生大水灾，秋粮减收严重。

1481 年（明宪宗成化十七年）

水灾：秋，宿州地区的灵璧、泗县及埇桥局部地区阴雨连绵，积涝成灾。

旱灾：春，宿州地域大旱，麦收受影响严重。

地震：二月，宿州及周边地域发生地震，震中位置不详。

1482 年（明宪宗成化十八年）

旱灾：夏，宿州地域久旱无雨，麦子减收，秋稼受旱灾影响，亦不同程度的减产。

瘟疫：秋，宿州地域的埇桥及毗邻县局部地区瘟疫流行，病死者无数。

1483 年（明宪宗成化十九年）

地震：四月，山东郯城发生大地震，宿州地域震感明显。

1484 年（明宪宗成化二十年）

旱灾：春，宿州地域及周边地区大旱，午季受损。

1487 年（明宪宗成化二十三年）

水灾：六月，宿州地域及周边地区发生洪涝灾害。

旱灾：初秋，宿州地域久旱无雨，秋稼受灾。

蝗灾：初秋，宿州地域在旱灾同时，又发生蝗灾，秋禾受害，严重减收。

地震：三月，宿州地域的灵璧县发生有感地震，声如巨风刮过，震级不详，其附近县地区有感。

1489 年（明孝宗弘治二年）

水灾：夏，黄河自河南开封以下至皖北、苏北地区因暴雨连连，多处溃决，洪水淹没田园，冲毁民舍，人畜多溺死。宿州地域全境受灾，损失惨重。

1491 年（明孝宗弘治四年）

冰雹：夏，宿州地域的灵璧、泗县及埇桥区东部地区遭遇大雨冰雹灾害，禾苗尽伤，人畜有被冰雹砸死砸伤者。

1493 年（明孝宗弘治六年）

旱灾：夏，宿州地域全境久旱不雨，秋粮减收。

地震：四月，山东西部兖州一带发生地震，宿州地域有震感。

1495 年（明孝宗弘治八年）

雹灾：春夏之交，宿州地域，尤其是东部的泗县、灵璧地区遭遇大雨冰雹灾害，局部地区冰雹积厚三至五寸，麦子及春种禾苗多被砸伤，大幅减收。

水灾：秋，宿州全境遭遇大雨洪涝灾害，秋粮减产严重。

1497 年（明孝宗弘治十年）

旱灾：夏，宿州地域及周边地区久旱无雨，禾苗枯萎，秋稼受害，严重减收。

1498 年（明孝宗弘治十一年）

水灾：夏，宿州地域及周边地区发生水灾。

1499 年（明孝宗弘治十二年）

旱灾：夏，宿州地域全境普遍旱灾，秋稼受灾减收。

水灾：秋，宿州地域全境暴雨成灾，洪水涝渍，秋粮因前期受旱后期被淹，几近绝收，酿成饥荒。

1500 年（明孝宗弘治十三年）

水灾：夏，大雨连连，旬日不止，致黄河溃决，宿州地域全境皆遭遇洪涝灾害，秋粮受灾严重。

1501 年（明孝成弘治十四年）

水灾：夏，暴雨成灾，黄河漫溢，宿州地域全境遭遇洪涝灾害，秋粮失收。

冰雹：四月，宿州地域的萧县、砀山及泗县遭遇大雨冰雹灾害，麦子和春播禾苗大多被砸死伤。

1502 年（明孝宗弘治十五年）

地震：九月，河南濮阳发生 6.5 级强烈地震。宿州全境受波及，震感明显，且有少部分民房倒塌。

水灾：秋，宿州地域及相邻州县遭遇水灾。

1503 年（明孝宗弘治十六年）

旱灾：秋，宿州地域及相邻州县发生旱灾，埇桥、灵璧、泗县地区四至九月不雨，秋粮绝收。

1504 年（明孝宗弘治十七年）

旱灾：夏，宿州地域及周边州县遭遇大旱，秋粮几近绝收。

水灾：秋，宿州地域又发生大水灾，秋种受影响。

饥荒：冬至次年春，宿州地域因夏旱秋涝，庄稼几近绝收，从而酿成饥荒，甚而发生人相食现象，灾民流离失所，纷纷逃往他乡。

1505 年（明孝帝弘治十八年）

地震：九月，江苏中部地区淮安、扬州、南京、镇江等地发生地震。宿州地域东部泗县、灵璧一带受波及，震感明显，震中究竟在何处不详。

1506 年（明武宗正德元年）

水灾：七月，宿州地域及邻边州县大雨洪涝成灾、河流漫溢，平地水深丈余，大片农田村舍被淹，许多地方秋粮绝收。

1507 年（明武宗正德二年）

水灾：夏，因暴雨成灾，黄河于苏皖交界处溃决泛滥，宿州地域全境遭遇洪涝灾害，损失惨重。

1508 年（明武宗正德三年）

水灾：夏，宿州地域及周边州县普遭洪涝灾害，秋粮减收。

旱灾：春，宿州地域的灵璧、泗县及埇桥局部地区久旱无雨，遭遇大旱，麦子减收。

1509 年（明武宗正德四年）

水灾：夏秋间，大雨连绵，黄河于苏皖交界处溃决，洪涝成灾。宿州地域全境受灾，秋粮大幅减收。

旱灾：夏，宿州地域的埇桥、灵璧、泗县地区久旱无雨，遭遇大旱，秋粮受旱减收。

蝗灾：夏，宿州地域的埇桥、灵璧、泗县地区在大旱的同时，又遭遇蝗灾。

地震：春，鲁南苏北接壤处发生地震，宿州地域受波及，震感明显。

1511 年（明武宗正德六年）

旱灾：春，宿州地域的埇桥、灵璧、泗县地区遭遇大旱，麦苗旱死，几近绝收。

水灾：夏，宿州地域的泗县、灵璧及埇桥局部地区阴雨连绵，涝渍成灾。

1512 年（明武宗正德七年）

旱灾：春夏间，宿州地域及周边州县发生旱灾，禾苗枯萎，秋粮减收。

1513 年（明武宗正德八年）

旱灾：春，宿州地域发生旱灾，麦禾受灾。

蝗灾：春，宿州地域的萧县、砀山及埇桥区的部分地区发生蝗灾，麦苗受害。

水灾：秋，宿州地域秋雨连绵，发生涝渍灾害，秋粮减收。

1514（明武宗正德九年）

旱灾：夏，宿州地域及周边州县发生大旱灾，午季减收。

水灾：秋，宿州地域的砀山，萧县发生洪涝灾害。

地震：六月，皖中皖北和苏北一带发生有感地震，震中在何处？震级多少？皆不详。宿州地域有感。

1515 年（明武宗正德十年）

水灾：夏，宿州地域的砀山、萧县地区大雨成灾，黄河涨溢，形成洪涝灾害，庄稼受淹。

旱灾：秋，宿州地域及周边州县久旱无雨，秋稼受旱枯萎，影响收成。

1517 年（明武宗正德十二年）

水灾：夏，宿州地域及周边州县大雨连连，淮河漫溢，洪涝成灾，庄稼受淹，大幅减产。

1518 年（明武宗正德十三年）

水灾：秋，宿州地域及周边州县洪涝灾害严重，田园淹没，村舍被毁，人畜溺死不计其数。秋粮几近绝收，酿成饥荒，甚至有卖儿卖女者，逃亡他乡者甚多。

1519 年（明武宗正德十四年）

水灾：初夏，宿州地域及周边州县发生大的洪涝灾害，淹没庄稼，冲毁民舍，损失惨重。

1520 年（明武宗正德十五年）

旱灾：夏秋间，宿州地域及周边州县久旱无雨，禾苗枯萎，秋粮大幅减收。

地震：冬，苏北淮安一带发生地震，宿州地域尤其是泗县、灵璧地区震感明显。

1522 年（明世宗嘉靖元年）

水灾：七月，宿州地域及周边地区暴雨成灾，河水泛滥，洪水漫流，淹没田园村舍，人畜溺死无数，秋粮大幅减收。

冰雹：七月，宿州地域发生大雨冰雹灾害，禾苗被砸伤，影响收成。

1523 年（明世宗嘉靖二年）

水灾：七月，宿州地域及周边州县发生大洪灾，黄河在苏皖交界处决口，洪水淹没田园，冲毁民舍数百家。

旱灾：六月，宿州地域及周边地区久旱无雨，发生大旱灾。

地震：正月，江苏南京至皖东及皖东北地区发生地震，宿州地域尤其是东部的泗县、灵璧一带受波及，震感明显。震中在何处？震级多少？不详。

饥荒：秋冬之季至次年春，宿州地域及周边地区因是年先旱后洪涝灾害叠加，庄稼绝收，酿成大饥荒，灾民食不果腹，稚男幼女，称斤而卖，十余岁者只卖得数十文钱。出现人相食现象，饿殍路野相望，流徙逃难他乡者难以计数。

1524 年（明世宗嘉靖三年）

水灾：秋，宿州地域及周边州县大雨成灾，加之黄河溃决，洪涝叠加，淹没田园村舍，人畜溺死无数。

旱灾：春夏间，宿州地域全境遭遇特大旱灾。

蝗灾：六月，宿州地域发生严重蝗灾，禾苗受损。

瘟疫：春，宿州地域的埇桥及邻边地区瘟疫流行，死者枕藉，商旅不通，百业凋敝。

地震：正月，受山东曹州（今曹县）地震影响，宿州地域震感明显。

1525 年（明世宗嘉靖四年）

地震：八、九月，宿州地域及周边州县先后发生两次有感地震。震中在河南太康县，震级 5.5 级。

1526 年（明世宗嘉靖五年）

水灾：六月，宿州地域及北邻徐州等地发生水灾，黄河及境内河流漫溢，洪水淹没田园村舍。

1527 年（明世宗嘉靖六年）

水灾：秋冬之交，黄河在上游河南境内决口，洪水泛滥，地处下游的宿州地域遭遇来洪侵害。

旱灾：夏，宿州地域及周边州县久旱无雨，遭遇大旱。

1529 年（明世宗嘉靖八年）

水灾：夏，宿州地域及周边地区暴雨成灾，加之黄河泛滥，洪涝积水，平地行舟，庄稼受淹，秋粮减收。

旱灾：秋，宿州地域的灵璧、泗县及埇桥局部地区久旱无雨，遭遇旱灾。

蝗灾：六月，宿州地域全境发生蝗灾，秋禾受灾减收。

1530 年（明世宗嘉靖九年）

旱灾：春夏间，宿州地域的埇桥、灵璧、泗县地区普遍遭遇旱灾。

水灾：六月，黄河于山东曹县决口，洪水南泛，宿州地域受来洪水淹侵害，尤以萧县、砀山为重。

1531 年（明世宗嘉靖十年）

旱灾：秋，宿州地域的灵璧、泗县发生大旱灾。

蝗灾：九月，宿州地域及东邻各州县，发生蝗灾，尤以灵璧、泗县地区为重，秋禾苗叶被啃食殆尽。

1532 年（明世宗嘉靖十一年）

旱灾：秋，宿州地域及周边各县普遍发生旱灾。

蝗灾：九月，宿州地域及周边州县大面积遭遇蝗灾，旱、蝗灾害叠加，致秋季作物严重失收。

1533 年（明世宗嘉靖十二年）

旱灾：春夏间，宿州地域全境发生严重旱灾。

蝗灾：四月，宿州地域全境普遍发生蝗灾，麦子、春苗皆受其害，影响收成。

1534 年（明世宗嘉靖十三年）

旱灾：夏，宿州地域久旱无雨，遭遇大旱，境内濉河等河流干涸断流。

蝗灾：夏秋间，宿州地域的埇桥及周边地区发生大面积蝗灾。飞蝗遍野，庄稼禾苗、树叶被食殆尽，秋季作物大幅减收。

1535 年（明世宗嘉靖十四年）

水灾：夏，宿州地域埇桥地区暴雨成灾，濉河决于符离，南北驿路被冲断十余里，大片田园、村舍皆成汪洋。

旱灾：秋，宿州地域及周边州县普遍发生旱灾。

1536 年（明世宗嘉靖十五年）

水灾：夏秋间，宿州地域的埇桥、灵璧、泗县地区淫雨不止，积涝成灾，淹损庄稼。

1537 年（明世宗嘉靖十六年）

水灾：夏，宿州地域暴雨成灾，洪水、涝渍浸淹田园庄稼，秋粮减收。

地震：四月，宿州地域发生地震，埇桥地区出现民房倾塌现象，全境震感强烈。震中何处？震级多少？不详。

1540 年（明世宗嘉靖十九年）

水灾：夏，宿州地域大水成灾，涝渍严重，秋粮减收。

旱灾：夏，宿州地域久旱无雨，遭遇旱灾。

1541 年（明世宗嘉靖二十年）

旱灾：夏，宿州地域及周边州县普遍遭遇大旱灾，秋粮大幅减少。

1542 年（明世宗嘉靖二十一年）

水灾：夏，宿州地域的砀山、萧县地区大雨旬日不止，洪水涝渍严重，淹浸庄稼，收成大减。

1543 年（明世宗嘉靖二十二年）

水灾：夏，宿州地域及周边州县遭遇大水灾。

1544 年（明世宗嘉靖二十三年）

旱灾：六月，宿州地域及相邻州县久旱无雨，遭遇大旱灾。

蝗灾：六月，宿州地域及邻边地区遭遇蝗灾。

1546 年（明世宗嘉靖二十五年）

水灾：夏秋之间，宿州地域及周边州县大雨连绵，洪涝成灾，秋季作物受灾严重减收。

地震：九月、十月，徐州地区先后两次发生地震。震中先是在徐州的邳县，震级 5.25 级，烈度为七度；次在徐州的丰县，震级 4.25 级，烈度为 5 度。宿州地域全境受波及，震感明显。

1547 年（明世宗嘉靖二十六年）

水灾：七月，黄河于山东曹县决口，洪水南泛，宿州地域遭受洪涝浸害，庄稼被淹。尤以萧县、砀山等地受灾严重。

1548 年（明世宗嘉靖二十七年）

水灾：夏，宿州地域及相邻州县，普遍发生大水灾，宿州地域尤其萧县、砀山地区为重。

1549 年（明世宗嘉靖二十八年）

水灾：六月，宿州地域及周边地区暴雨如注，断续不停，洪涝积水严重，平地行舟，尤其萧县为重，洪水包围县城，四个城门皆被洪水围困，宿州全境皆受灾，秋粮大幅减产。

1550 年（明世宗嘉靖二十九年）

旱灾：六月，宿州地域及周边州县普遍遭遇旱灾，庄稼枯萎，严重影响秋粮收成。

地震：二月，江苏宿迁市发生地震，震级为 4 级，烈度为 5 度。宿州地域受波及，震感明显。

水灾：秋，宿州地域的萧县、砀山遭遇大水灾，涝渍淹浸庄稼，秋季减收。

1551 年（明世宗嘉靖三十年）

水灾：夏，宿州地域及周边徐州各属县大雨成灾，涝渍淹浸庄稼，秋季减收。

地震：六七月间，山东兖州和江苏海州（今连云港）先后发生有感地震，宿州地域全境有震感。

1552 年（明世宗嘉靖三十一年）

水灾：九月，黄河于徐州境内房村集溃决，洪水南泛，宿州地域的灵璧、泗县及埇桥区东北部皆被来洪浸害，淹没田园村舍，导致损失。

地震：秋，徐州丰县发生地震，震级为 4 级，烈度为 5 度。宿州地域全境有感。

1553 年（明世宗嘉靖三十二年）

水灾：春，由于徐州境内黄河决口堵决工程未竣又决，洪水复又为害。是年六月，大雨连连，洪涝叠加，宿州地域全境倍受其害。尤以中东部的灵璧、泗县及埇桥区的东北部损失惨重，午秋两季收成寥寥，灾民苦不堪言。

饥荒：由于连年水患，粮食收获有限，从而酿成宿州地域全境普遍大饥荒。从春至冬，全年都在饥馑中煎熬，树叶树皮、野菜草根，凡可进食填肚子的皆被采食殆尽，甚而出现人相食、卖儿卖女现象，饿殍露野相望，灾民纷纷流徙他乡。

1554 年（明世宗嘉靖三十三年）

旱灾：夏，宿州地域及周边州县，发生大范围旱灾，禾苗枯萎，庄稼受害减收。

1555 年（明世宗嘉靖三十四年）

水灾：夏秋间，宿州地域及周边州县发生大水灾，秋粮大幅减收。

雹灾：五月，宿州地域发生大雨冰雹，庄稼受损。

1556 年（明世宗嘉靖三十五年）

水灾：宿州地域全境遭遇大水灾。

地震：九月，江苏连云港地区发生地震，有声如雷。震级多少？不详。宿州地域全境震感明显。

1558 年（明世宗嘉靖三十七年）

水灾：秋七月，黄河因河南及皖苏鲁接壤处连降大雨，河水陡涨，于宿州地域砀山境内决口，黄水漫流，分为多股，致宿州地域境内河道淤浅，宣泄不畅，造成洪涝灾害，淹没田园村舍，秋季作物受灾，严重减收。

1559 年（明世宗嘉靖三十八年）

旱灾：宿州地域的萧县、砀山地区于是年春夏间遭遇旱灾，麦子及春种受影响。

1560 年（明世宗嘉靖三十九年）

蝗灾：秋，宿州地域全境普遭蝗灾，秋稼受害。

1561 年（明世宗嘉靖四十年）

雹灾：夏，宿州地域的灵璧、泗县北部和江苏睢宁接壤的地区发生大雨冰雹灾害，秋稼受损严重。

1562 年（明世宗嘉靖四十一年）

水灾：秋，宿州地域及周边州县遭遇洪涝灾害，秋季作物大幅减收。砀山县城被洪水淹困破城，县治只好迁至小神集。

1563 年（明世宗嘉靖四十二年）

水灾：秋，宿州地域全境遭遇水灾，涝渍淹浸庄稼，尤以西部的萧县、砀山地区灾情最重，秋粮大幅减收，酿成是冬及次年春灾民饥荒。

1565 年（明世宗嘉靖四十四年）

水灾：七月，地处皖苏鲁豫接壤处的宿州地域因连续降雨，加之上游来洪，黄河陡涨，于徐州沛县决口，洪水南泛，洪涝渍浸，庄稼受淹，严重减收。

旱灾：秋，水灾过后，宿州地域的萧县、砀山又遭遇旱灾，久旱无雨，秋季作物受旱减收，秋种亦无法及时播种。

蝗灾：秋，宿州地域的萧县、砀山在遭遇旱灾的同时，又发生蝗灾，在水、旱、蝗灾的夹击下，许多地方庄稼几近绝收。

1566 年（明世宗嘉靖四十五年）

水灾：夏，宿州地域及毗邻徐州、淮安地区又遭遇大洪涝灾害，田园村舍被淹没，秋粮大幅减收。

饥荒：冬至次年春，宿州地域由于连年遭遇水旱灾害，粮食大幅减产，甚而是绝收。灾民饥馑难熬，苦不堪言。树叶树皮、野菜草根凡能充饥者，皆已搜食殆尽，只好大批流徙他乡，乞讨求生。

1567 年（明穆宗隆庆元年）

水灾：春，宿州地域东部的泗县、灵璧县及其毗邻地区遭遇连阴雨，涝渍成灾，影响麦子杨花灌浆和春种，麦季收成受损。

1568 年（明穆宗隆庆二年）

水灾：八月，宿州地域及周边州县，暴雨成灾，河湖漫溢，淹渍庄稼，秋季大幅减收。

地震：八月下旬，宿州地域发生有感地震，有如鼓声阵阵，轰隆作响，地面微动。震中在何处？震级多大？不详。

1569 年（明穆宗隆庆三年）

水灾：闰六月，皖苏鲁豫接壤地区连遭大雨，河湖漫溢。七月黄河又于徐州沛县境内决口，洪水南泛。宿州地域全境遭遇洪涝灾害，淹没田禾，冲毁民舍，损失惨重。

1570 年（明穆宗隆庆四年）

水灾：秋，宿州地域及毗邻地区又发生水灾。黄河在徐州西北茶城和东部邳州境内先后决口，洪水南泛，宿州地域全境受灾。

地震：宿州地域的泗县曾发生有感地震。发生的时间、地点、震级皆不详。

1571 年（明穆宗隆庆五年）

水灾：四月，黄河于邳州境内的王家口溃决，复又自铜山县双沟而下北决三口，南决八口。如此多处溃决，洪水漫流。地处黄河南岸的宿州地域中东部的埇桥、灵璧、泗县地区遭受严重洪灾，麦子几近绝收。民舍倒塌难以计数。

1572 年（明穆宗隆庆六年）

水灾：秋，宿州地域及周边州县暴雨连连，加之黄河数处决口尚未堵竣或堵竣复决，黄河暴涨，一夕水涨丈余，洪水奔涌漫流，宿州地域全境受灾深重。

1573 年（明神宗万历元年）

水灾：秋，黄河于河南境内决口，宿州地域的萧县、砀山地区首受来洪侵害。其后黄河又于徐州铜山县房村决口，宿州地域的埇桥区、灵璧、泗县地区续遭黄洪侵扰，田园淹没，村舍被毁，人畜溺死无数，秋粮几近绝收。

1574 年（明神宗万历二年）

水灾：秋八月，大雨成灾，黄河于宿州地域砀山境内邵家口溃决，复又在其下游徐州邳县境内决口，洪水泛滥，徐州城被洪水围困，宿州地域的萧县县城南门外地区成巨浸，宿州地域全境皆遭洪水侵害，损失惨重。

1575 年（明神宗万历三年）

水灾：夏，宿州地域及周边州县，大雨成灾，形成洪涝渍浸灾害，庄稼受淹。秋八月，黄河复于宿州地域的砀山境内邵家口及徐州境内多处决口，宿州地域全境一片汪洋，平地行舟，低洼处水深丈余乃至更深。淹没田园村舍，秋粮绝收，酿成大饥荒。

1576 年（明神宗万历四年）

水灾：秋九月，宿州地域及周边州县阴雨连绵，黄河在徐州境内溃决，洪涝叠加，宿州地域深受其害，田园村舍多被淹没、冲毁，损失惨重。

地震：宿州地域的砀山发生有感地震，但发生的时间、地点、震级等皆不详。

1577 年（明神宗万历五年）

水灾：七月，大雨成灾，黄河漫溢，宿州地域自砀山以下包括徐州所辖东部地区一些县境皆成巨浸，洪灾之重可以想见，宿州地域受灾惨重。大水冲毁萧县县城，不得不迁县城于三台山南坡，即今县城所在。

1579 年（明神宗万历七年）

水灾：五月，宿州地域及周边州县连降大雨，涝渍成灾，八月又遭遇阴雨，河湖漫溢，淹浸庄稼，秋粮大幅减收。

旱灾：夏秋间，宿州地域的灵璧、泗县及埇桥的局部地区发生旱灾。

1580 年（明神宗万历八年）

水灾：初秋，宿州地域东部的灵璧、泗县及其东邻淮安各地连降大雨，淮河漫溢，洪涝成灾，秋稼受害，淮水围困古泗州城（今属江苏盱眙）。

旱灾：夏，宿州地域的灵璧及毗邻地区遭遇旱灾。

1581 年（明神宗万历九年）

水灾：秋，宿州地域及相邻徐邳各州属县，普遍遭遇水灾，秋粮严重减收。

冰雹：四月，宿州地域的灵璧、泗县的北部毗邻睢宁、宿迁的局部地区遭遇大雨冰雹灾害，砸伤麦子禾苗。

饥荒：秋冬至次年春季，宿州地域全境因连年水灾，庄稼受淹，粮食奇缺，酿成大饥荒。灾民搜罗草子、草根，树叶树皮及野菜充饥，多有逃荒乞讨，流徙他乡，致当地人口骤减。

1583 年（明神宗万历十一年）

水灾：夏秋间，宿州地域及北邻徐州地区连降大雨，濉水陡涨，宿城北濉水符离桥都被淹没，洪水漫流、涝渍成灾，秋稼受淹减收。

蝗灾：宿州地域的灵璧、泗县毗邻睢宁县的局部地区于是年夏遭遇蝗灾，禾苗受害。

1585 年（明神宗万历十三年）

水灾：六月，宿州地域的灵璧、泗县及埇桥局部地区遭遇暴风雨，民舍倒塌很多，庄稼受淹。

地震：二月，江苏江北的扬州、六合、淮安及安徽的合肥等地发生地震。宿州地域受波及，尤其是东部的泗县、灵璧地区震感明显。震中位置在何地，震级是多少？不详。

1587 年（明神宗万历十五年）

旱灾：夏，宿州地域及北邻徐州、邳州地区久旱无雨，遭遇罕见大旱灾，禾苗枯萎。

蝗灾：夏，宿州地域在遭遇旱灾的同时，又发生蝗灾，禾苗草木皆被啃食殆尽。

饥荒：冬至次年春，因连年水旱蝗灾，粮食减产或绝收，家无存粮，宿州地域全境遭遇大饥荒。

1588 年（明神宗万历十六年）

饥荒、瘟疫：春，宿州地域全境因前几年连年灾荒致大饥荒，人相食，饿殍露野。到初春复又流行瘟疫，病死者难以计数。

1589 年（明神宗万历十七年）

旱灾：春夏间，宿州地域及周边州县自二月至夏季不雨发生大旱灾，夏粮无收，春种亦受影响。

水灾：六月，黄河因河南境内连降大雨暴涨，于徐州沛县境内多处决口，洪水漫溢。宿州地域的萧县、砀山地区遭受洪水淹浸。

蝗灾：夏，宿州地域的萧县、砀山地区发生蝗灾。

1590 年（明神宗万历十八年）

水灾：夏，宿州地域受北邻徐州地区影响发生水灾，黄河泛滥，洪水冲进徐州城，徐州毗邻的宿州地域全境遭受洪涝灾害，尤以埇桥区、灵璧、泗县地区为重。

1591 年（明神宗万历十九年）

水灾：夏秋间，宿州地域及其毗邻州县，淫雨连绵，旬日不止，洪涝成灾，黄河、淮河泛涨，黄河于徐州境内决口，遍地汪洋，水深丈余，泗县受灾尤重。古泗县城（今江苏盱眙内）被洪水漫城，城池内水深三尺有余。

1593 年（明神宗万历二十一年）

水灾：宿州地域所处的黄淮地区中东部，自是年四月初至八月，淫雨断续不止，七、八月间又发生多次强暴雨，洪涝灾害严重，尤以皖北、苏北的淮北平原地区最甚，普遍发生特大洪涝灾害，平地水深丈余，舟行树梢，人栖树上，田园村舍大多被淹没围困，人畜溺死者难以计数，庄稼绝收。灵璧县城墙倒塌大半，民房倒塌很多。

饥荒：宿州地域及周边州县因特大水灾，粮食绝收，酿成大饥荒，野菜、草根、树叶树皮皆被搜食殆尽，甚至出现人相食的现象，灾民大批流徙他乡。

瘟疫：水灾过后，宿州地域又遭遇瘟疫流行，病死者无以计数，死者载道，惨不忍睹。

1594年（明神宗万历二十二年）

水灾：七月，宿州地域及周边州县遭遇大水灾。洪涝淹渍，秋稼减收。

饥荒：春，宿州地域因上年特大水灾，发生大饥荒并发生瘟疫。

1595年（明神宗万历二十三年）

水灾：四月，宿州地域东部的泗县、灵璧及邻县大雨成灾，其后八月宿州及周边各州县普遍遭水灾，连降大雨，涝渍成灾，庄稼受淹减收。

1596年（明神宗万历二十四年）

蝗灾：春夏间，宿州地域的泗县及灵璧东北部局部地区发生蝗灾，麦子秋禾受害。是年秋，宿州地域的萧县砀山地区遭遇蝗灾，秋禾受灾减收。

1597年（明神宗万历二十五年）

水灾：四月，宿州地域及周边州县多雨成灾，黄河陡涨，于山东单县黄涸口溃决，黄洪主流南下宿州地域，夺濉河东，下宿迁新河口再入黄河主河道。宿州符离桥被冲毁，宿州地域全境受来洪为害，淹没田园村舍，午秋二季皆大幅减收。

地震：九月，徐州沛县发生四级地震，烈度为5度。宿州地域震感明显。

1599年（明神宗万历二十七年）

水灾：夏，黄河在河南虞城与宿州地域砀山接壤的坚城集处决口，黄洪东泄，宿州地域的砀山、萧县地区受灾。

旱灾：秋，宿州地域及周边州县普遍旱灾，秋季作物受旱严重减收。

地震：三月，山东兖州地区发生地震，宿州地域受波及，震感明显。震中在何处？震级多大？皆不详。

1601年（明神宗万历二十九年）

旱灾：自开春至初夏，宿州地域及北邻徐州地区久旱无雨，普遇旱灾，麦季及春种皆受影响。

1602年（明神宗万历三十年）

水灾：四月，宿州地域东部泗县、灵璧及毗邻淮安地区遭遇水灾，麦子、春禾受淹。

1603年（明神宗万历三十一年）

水灾：春夏间，宿州地域西部的萧县、砀山及相邻地区大雨连绵，庄稼受损，黄河水势猛涨，多处决口，其中徐州东南部的决口，洪水南泛，宿州地域的灵璧、泗县及埇桥区东北部皆黄泛浸害，庄稼受灾。

1604年（明神宗万历三十二年）

水灾：八月，黄河因上游豫东地区大水陡涨，于宿州地域的萧县境内多处溃决，地处下游的萧县、埇桥、灵璧、泗县地区遭受洪涝灾害。

1605年（明神宗万历三十三年）

水灾：五月，宿州地域大雨成灾，庄稼受淹。

1606年（明神宗万历三十四年）

水灾：六月，宿州地域及周边地区连降大雨，涝渍成灾。黄河水涨，于宿州地域的萧县郭暖楼处决口，黄水泛滥，加重灾害，秋粮大幅减收。

1609年（明神宗万历三十七年）

蝗灾：秋九月，宿州地域及北邻徐州地区属县普遍发生蝗灾。宿州地域尤以西部的萧县、砀山为重。

1611年（明神宗万历三十九年）

水灾：六月，黄河于徐州狼矢沟决口，黄水南泛，宿州地域的埇桥

区、灵璧、泗县遭受黄洪侵害、

蝗灾：夏，宿州地域及周边地区普遍发生蝗灾。

1612 年（明神宗万历四十年）

水灾：八月，宿州地域及周边地区阴雨连绵，涝渍成灾。黄河又于徐州境内溃决，黄泛南浸，宿州地域全境遭遇水灾。洪水淹没田园庄稼，冲毁民舍，遍地汪洋，灾民只得避居岗丘高地，庄稼几乎绝收，损失惨重。

1613 年（明神宗万历四十一年）

水灾：七月，宿州地域及北邻州县，连遭大雨，积涝成灾，黄河在徐州境内祁家店溃决。地处徐州南部及东南的埇桥、灵璧、泗县地区皆受洪灾浸害。

1614 年（明神宗万历四十二年）

水灾：七月，宿州地域连遭大雨，黄河又于灵璧的陈铺决口，洪涝并发，淹没庄稼，收成大减。

1615 年（明神宗万历四十三年）

旱灾：三月至六月，宿州地域及周边州县久旱无雨，遭遇罕见大旱灾，麦子春禾枯死，午季绝收。

饥荒：夏秋，宿州地域全境因春夏大旱，午季绝收，酿成大饥荒，灾民多流徙乞讨他乡。

1616 年（明神宗万历四十四年）

水灾：五月，连续大雨，黄河在徐州境内多处溃决，宿州地域与徐州毗邻，亦遭遇洪涝灾害的侵扰，庄稼受害减收。

地震：十一月，徐州发生地震，震级为四级，震中烈度为 5 度。宿州地域震感明显，尤以萧县、砀山地区震感强烈。

饥荒：宿州地域由于上年大旱，本年又遭遇黄泛洪涝灾害，全境出现大饥荒，灾民多逃难流徙他乡。

1617 年（明神宗万历四十五年）

水灾：夏，宿州地域多雨，涝渍浸田，黄河在徐州境内又多处溃决，使宿州地域中东部的埇桥、灵璧、泗县等地局部遭遇洪水浸害。

地震：五月，凤阳府辖区内州县发生地震，宿州地域当时亦隶属其辖治，震感强烈。地震中心究在何处？震级多大？皆不详。

1618年（明神宗万历四十六年）

水灾：夏，宿州地域的埇桥、灵璧及泗县局部地区大雨成灾，遭遇大水灾。

旱灾：秋，宿州地域的埇桥、灵璧、泗县地区久旱无雨，遭遇旱灾。

蝗灾：秋，宿州地域的埇桥及灵璧局部地区遭遇蝗灾。

1619年（明神宗万历四十七年）

旱灾：九月，宿州地域及周边州县，久旱无雨，普遍遭遇旱灾，秋季作物受影响歉收。

1620年（明光宗泰昌元年）

瘟疫：十月，宿州地域东部的泗县及灵璧东部地区因受东邻州县的影响，局部地区发生瘟疫。

1621年（明熹宗天启元年）

水灾：六月，宿州地域及北邻徐州地区连降大雨、旬日不止，平地水积数尺深，黄河在宿州的灵璧境内溃决，灵璧、泗县地区遭遇黄泛洪水侵害。宿州地域全境遭遇洪涝灾害，田园淹没，秋季大幅减收。

地震：二月，受徐州、淮安地区地震的影响，宿州地域震感强烈，中东部的埇桥、灵璧、泗县局部地区出现房屋倒塌现象。据有关方面推测震级当为5.2级，震中在何处？不详。

1622年（明熹宗天启二年）

水灾：七月，大雨成灾，黄河于徐州境内吕梁洪附近小店村决口，洪水直泄东南，宿州地域的埇桥、灵璧、泗县地区普遍遭洪水侵害，田园淹没，房舍倒塌，淹溺人畜难以计数。

地震：三月上旬，宿州地域发生有感地震，震中在何处？震级多大？不详。

1623年（明熹宗天启三年）

水灾：九月，因阴雨连绵，黄河涨溢，在萧县及徐州境内大龙口、睢宁多处决口，地处其下游的宿州地域中东部的萧县、埇桥、灵璧、泗县地区深受洪水侵害。

地震：十二月，江苏南京至扬州、淮安及安徽滁州地区发生地震，宿州地域的东部泗县、灵璧一带受波及，震感明显。

1624年（明熹宗天启四年）

水灾：夏季多雨水，渍涝成灾。黄河水涨，于六、七月间在徐州附近先后溃决，洪水南泛。宿州地域的埇桥、灵璧、泗县地区皆遭洪水侵害，洪水淹没田园，冲毁民舍，庄稼失收。

地震：十二月，江苏扬州一带发生强烈地震，震中震级为6.25级，烈度为8度。受其影响，宿州地域震感强烈，东部的泗县、灵璧地区多有房屋倒塌。

1625年（明熹宗天启五年）

旱灾：春，宿州地域的砀山、萧县地区遭遇旱灾，影响麦子和春种。

1626年（明熹宗天启六年）

水灾：七月，宿州地域及邻边地区多雨，涝渍成灾，秋季庄稼歉收。

蝗灾：春夏间，宿州地域及周边州县发生蝗灾，并有旱情，庄稼受害减收。

1627年（明熹宗天启七年）

蝗灾：秋，宿州地域西部的砀山、萧县及毗邻地区发生蝗灾，秋禾受害，秋季减收。

1628年（明思宗崇祯元年）

蝗灾：夏初，宿州地域的萧县、砀山及周边地区发生蝗灾，伤害麦子及春禾，影响收成。

1629年（明思宗崇祯二年）

水灾：二月，宿州地域及周边地区春雨绵绵，久雨不晴，渍淹麦苗，影响春种。至夏及秋，又是多雨，黄河水涨，于徐州境内多处溃决，宿州地域再遭洪水侵害，午秋二季大幅减收。

地震：二月徐州丰县发生地震，震中烈度为4度，震级3.25级。宿州地域全境受波及，震感明显。

1630年（明思宗崇祯三年）

水灾：夏，宿州地域及北邻徐州地区久雨不晴、涝渍成灾，庄稼被淹。尤以东部的泗县、灵璧北部和睢宁接壤地区雨涝为重，影响秋季收成。

雹灾：初夏，宿州地域的泗县、灵璧、埇桥地区遭遇大雨冰雹灾害，冰雹大者如鸡子、鹅卵、拳头，正扬花的麦穗、春种禾苗多被砸伤倒伏，亦有砸伤人畜致死者，麦子几近绝收。

1631年（明思宗崇祯四年）

水灾：夏秋间，阴雨连绵，黄河水涨漫溢，在徐州境内多处先后溃决。地处其下游的宿州地域全境受灾，洪涝交并，淹没田园，冲毁民舍，秋季大幅减收。

冰雹：五月，宿州地域的萧县及砀山局部地区遭遇大雨冰雹袭击，冰雹大如鸡卵，鸟兽死伤甚多。

1632年（明思宗崇祯五年）

水灾：正月初一，宿州地域萧县、砀山地区出现雷阵雨，实属少见。七、八月间，宿州地域及周边地区大雨连绵，黄河漫溢，多处溃决，尤以河南孟津决口为大，殃及下游数百里。宿州全境皆遭遇来洪涝渍大水灾，损失惨重。

蝗灾：秋，宿州地域发生蝗灾，尤以萧县、砀山为重，禾稼草树尽被啃食殆尽，庄稼大幅减收。

1634年（明思宗崇祯七年）

水灾：七月，宿州地域的萧县、砀山地区暴雨成灾，庄稼受淹。

蝗灾：宿州地域自1632年至是年秋，已连续三年发生蝗灾，庄稼受害减收。

1635 年（明思宗崇祯八年）

水灾：宿州地域于是年六、七月，暴雨成灾，庄稼受淹。

蝗灾：夏秋之间，宿州地域的萧县及砀山局部地区发生蝗灾。

1636 年（明思宗崇祯九年）

水灾：夏秋，宿州地域及北邻徐州地区阴雨连绵，涝渍成灾，黄河漫溢，多处决口，洪水为害，秋季收成大减。

1637 年（明思宗崇祯十年）

旱灾：宿州地域的萧县、砀山地区于是年夏遭遇大旱灾，禾苗枯萎，庄稼减收。

蝗灾：夏，宿州地域的萧县、砀山地区发生蝗灾，尤以萧县灾情为重。

1638 年（明思宗崇祯十一年）

旱灾：春秋两季，宿州地域及周边州县普遇大旱，春季基本无雨，麦子春种受影响。秋季又逢无雨苦旱，冬麦难播，午秋二季庄稼大幅减收。

蝗灾：夏季，宿州地域又遭蝗虫为害，蝗飞蔽天遮日，田禾为之一空。

地震：十二月，徐州发生 3.25 级地震，宿州地域有震感。

1639 年（明思宗崇祯十二年）

旱灾：自初夏至秋，宿州地域及周边州县久旱无雨，草禾皆枯萎，百谷不收，遭遇罕见大旱灾。

蝗灾：夏，宿州地域全境蝗虫为害。

1640 年（明思宗崇祯十三年）

旱灾：夏秋，宿州地域及周边州县普遍发生旱灾。庄稼枯萎，赤地千里，秋粮所收无几。

蝗灾：夏秋之间，宿州地域在遭遇旱灾同时又发生严重蝗灾。秋禾严重受害。

风灾：宿州地域的萧县、砀山地区于是年二月遭遇沙尘暴，白昼如夜，黄沙满地，厚寸许。同月，宿州地域东部的泗县、灵璧地区遭遇龙卷风袭击。

饥荒：秋冬至次年春，宿州地域及周边州县因连年旱灾，粮食奇缺，普遍发生大饥荒，树叶树皮，野菜草根，凡能填肚充饥的皆被食尽，甚而出现人相食、卖儿卖女的悲惨现象，同时并发生瘟疫。大批灾民逃往他乡，乞讨活命。

1641 年（明思宗崇祯十四年）

旱灾：地处黄淮地区的宿州地域夏又遭特大旱灾，赤地千里，禾苗皆枯，庄稼几近绝收。

蝗灾：宿州地域在遭遇旱灾同时，又发生蝗灾。

饥荒：秋冬，宿州地域旱蝗肆虐，粮食失收，导致大饥荒。

瘟疫：秋，宿州地域瘟疫流行，病死者甚多，道无行人，大批灾民流徙他乡。

1642 年（明思宗崇祯十五年）

地震：九月，宿州地域的萧县发生地震，震级为 4.75 级，震中烈度为 6 度。宿州地域全境有强烈震感，萧县震中地区有民舍倒塌现象。

1643 年（明思宗崇祯十六年）

旱灾：春，宿州地域久旱无雨，遭遇旱灾，春种和麦子皆受影响，午季减收，尤以西部的萧县、砀山为重。

地震：冬末，徐州丰县发生地震，震级为 3.25 级，震中烈度为 4 度，宿州地域有震感。九月，凤阳府所属各州县同时发生有感地震，震中在何处？震级多大？不详。时宿州地域全境皆隶属凤阳府，震感明显。

1644 年（明思宗崇祯十七年）

水灾：夏，宿州地域的泗县、灵璧地区暴雨连续七日不止，积涝成灾，低洼地水深数尺，庄稼受淹，民宅倒塌近半数。

地震：春正月，宿州地域砀山发生 4.5 级地震，宿州地域全境震感强烈。

八、清朝时期

1645 年（清世祖顺治二年）

水灾：夏秋间，宿州地域及周边州县遭遇连阴雨，大雨连连，积涝成灾，黄河陡涨漫溢，多处溃决，洪涝叠加，淹没农田，冲毁民舍，秋季作物大幅减收。

1646 年（清世祖顺治三年）

水灾：春夏间，宿州地域及邻边地区多雨，渍涝成灾，影响午季收成和夏秋农作物生长。

1647 年（清世祖顺治四年）

水灾：夏秋间，宿州地域及北邻徐州等州县大雨连连，涝渍成灾，尤其是西部的萧县、砀山雨水连绵，历经三个月很少间止，黄河水猛涨漫溢，庄稼受淹，严重减收。

1648 年（清世祖顺治五年）

水灾：秋，宿州地域及北邻徐州地区秋雨连绵，涝渍严重，秋季作物受淹，大幅减收，酿成饥荒。

地震：七月，宿州地域的萧县发生 4.25 级地震。宿州地域全境震感强烈。震中区附近有民舍倒塌现象。

1649 年（清世祖顺治六年）

水灾：五月，宿州地域及相邻各县阴雨经旬不止，淮河流域中下游暴涨漫溢，宿州地域邻近淮河的埇桥、灵璧、泗县地区的南部受灾尤重，洪涝叠加，平地水深数尺乃至丈余，庄稼淹没，民舍被毁，损失惨重。

地震：八、九月间，徐州沛县先后两次发生地震，震级为3.25级，震中烈度为4度，宿州地域震感明显。

1650年（清世祖顺治七年）

水灾：秋，多雨，黄河涨溢，在河南兰考与山东东明之间决口，黄泛南侵，宿州地域的萧县、砀山地区遭遇洪灾。

蝗灾：秋，宿州地域的萧县、砀山地区遭遇蝗灾。

1651年（清世祖顺治八年）

水灾：五月，宿州地域的萧县、砀山地区大雨连绵，积涝成灾，淹浸庄稼，秋粮减收。

1652年（清世祖顺治九年）

水灾：夏，宿州地域及周边地区多雨，黄河水涨，于徐州的邳州境内溃决，洪水南泛，宿地域的灵璧、泗县及埇桥东部地区遭受洪涝灾害，秋季作物受淹。

旱灾：春，宿州地域的埇桥、灵璧、泗县地区发生旱灾，影响麦子及春种。

地震：二月，宿州地域及周边州县，曾发生有感地震。（据相关资料记载，此地震为安徽霍山地区6级地震影响波及）

1653年（清世祖顺治十年）

水灾：七月，宿州地域的萧县，砀山地区连遭大雨，积涝成灾，秋季作物受淹减收。

地震：十一月，毗邻宿州地域的五河县发生地震，震级多大？震中在何处？不详。宿州地域震感明显。

1654年（清世祖顺治十一年）

水灾：六月，宿州地域及周边州县，大雨连连，积涝成灾，黄河水涨，于徐州境内溃决，洪水南泛，宿州地域中东部的埇桥、灵璧、泗县地区洪涝叠加，淹没田园庄稼，秋季大幅减收。

1657 年（清世祖顺治十四年）

旱灾：五月，宿州地域遭遇旱灾，尤以西部的萧县、砀山地区为重。庄稼受旱，影响收成。

1658 年（清世祖顺治十五年）

水灾：秋，宿州地域及周边地区阴雨连绵、积涝成灾发大水，黄河、淮河水涨漫溢，淹没庄稼，秋季减收。

地震：五月，宿州地域的萧县和徐州接壤地区发生 3.25 级地震。宿州地域全境震感明显。

1659 年（清世祖顺治十六年）

水灾：夏秋，宿州地域久雨不晴，连遭大雨，连续两至三月少有间止，积涝成灾，平地水深丈余，淹没庄稼，冲毁民舍。午季小麦霉烂，秋季几近绝收。

饥荒：秋冬至次年春，宿州地域全境因麦秋二季全年歉收，粮食奇缺，发生严重饥荒，大批灾民流徙他乡。

1660 年（清世祖顺治十七年）

水灾：夏，宿州地域及周边地区连降大雨，黄河猛涨，在河南虞城境内溃决，洪涝夹击，淹没庄稼，秋季大幅减收。

地震：八月，地处宿州地域附近的山东兖州、曹县一带发生地震，震中心在何处？震级多少？不详。宿州地域全境有明显震感。

1661 年（清世祖顺治十八年）

蝗灾：秋，宿州地域毗邻徐州地区的萧县、砀山及埇桥、灵璧、泗县北部的局部地区发生蝗灾，秋季收成受影响。

地震：正月，山东兖州再次发生地震，宿州地域全境受波及，有震感。

1662 年（清圣祖康熙元年）

水灾：夏秋间，宿州地域及周边州县多雨，发大水，黄河猛涨，上下游多处溃决，直接影响宿州地域的决口有山东曹县、江苏睢宁等处，洪涝叠加，淹没庄稼，冲毁民舍，秋粮大幅减收。

1663 年（清圣祖康熙二年）

水灾：夏六月，宿州地域东部毗邻徐州睢宁地区的灵璧、泗县连降大雨，黄河水涨，于睢宁境内溃决南泛，致使灵、泗地区遭受洪涝灾害。

雹灾：夏，宿州地域东部灵璧、泗县北部和睢宁接壤的局部地区遭遇大雨雹灾，砸伤秋禾。

1664 年（清圣祖康熙三年）

水灾：夏秋间，宿州地域东部的灵璧、泗县及毗邻地区多雨水，黄河又在江苏睢宁境内再次决口，黄洪南泛，灵、泗地区洪涝成灾，庄稼受淹减收。

1665 年（清圣祖康熙四年）

水灾：四月，河南境内商丘地区多雨水，黄河水涨溃决，黄水东泛，灌虞城、永城、夏邑。宿州地域西部地区的砀山、萧县遭受来洪浸害，麦子、春禾受影响。夏秋间，宿州地域中东部的埇桥、灵璧、泗县及北邻地区亦遭受连绵大雨所造成的涝渍灾害，庄稼受淹，收成大减。

旱灾：春夏间，宿州地域的埇桥、灵璧、泗县及北邻地区久旱无雨，遭遇旱灾，影响午季收成和春种的进行。

蝗灾：夏，宿州地域的萧县、砀山地区发生蝗灾。

牛瘟疫：夏，宿州地域的萧县及砀山局部地区发牛瘟疫，大批耕牛病死。

1666 年（清圣祖康熙五年）

水灾：夏秋间，宿州地域的埇桥、灵璧、泗县及北邻地区多雨、涝渍成灾，淹损庄稼减收。

旱灾：夏，宿州地域的萧县、砀山地区发生旱灾。

瘟疫：夏，宿州地域的萧县、砀山沿黄河一带地区发生瘟疫，病死者难以计数。

蝗灾：五月，宿州地域的萧县及砀山局部地区。发生蝗灾，飞蝗蔽日，禾苗受害严重。

1667 年（清圣祖康熙六年）

水灾：秋，宿州地域的萧县、砀山地区遭遇连阴雨，黄河水涨，于萧县境内决口，黄水东泛，宿州地域全境遭遇洪涝灾害，庄稼被淹，一些民舍被冲毁。

蝗灾：秋，宿州地域的萧县、砀山地区发生蝗灾。

1668 年（清圣祖康熙七年）

水灾：夏，宿州地域及北邻徐州地区淫雨连绵涝渍成灾，黄河水涨，又因地震而溃决，洪涝夹击，水淹秋稼，冲毁民舍，损失惨重。

蝗灾：夏、秋，宿州地域发生蝗虫伤稼灾害。

地震：六月中旬，山东莒县发生强烈地震，震中在莒县南部，震级为八点五级，震中烈度为十二度。宿州地域全境受波及，震感强烈，多有房舍倒塌。徐州及一些县城城墙被震倒塌，压砸死伤人数难以计数，地震还造成黄河多处溃决，更使地震灾区雪上加霜，惨不忍睹。

雪灾：冬，宿州地域的萧县、砀山地区，连降大雪，平地雪深几尺，天气酷寒。

1669 年（清圣祖康熙八年）

水灾：夏，宿州地域大雨连绵，积涝成灾，淹浸庄稼，秋季作物大幅减收。

冰雹：初夏，宿州地域的灵璧、泗县的北部地区遭遇大雨冰雹袭击，局部重灾区冰雹积厚尺余，麦子、禾苗全被砸倒，绝收。

1670 年（清圣祖康熙九年）

水灾：五月，宿州地域及周边州县地区遭遇大风暴雨，黄河、淮河陡涨漫溢，多处溃决。黄河于宿州地域砀山毛城铺溃决，宿州地域全境遭受洪涝灾害，田园淹没，庄稼失收。

旱灾：夏秋间，宿州地域的泗县、灵璧、埇桥地区又遭遇旱灾。

蝗灾：夏秋间，宿州地域的泗县、灵璧、埇桥地区又遭遇蝗灾。

雪灾、酷寒：冬，宿州地域大雪连绵，月余不停，平地雪深数尺，酷寒，人畜多有冻死。

地震：十一月，山东邹县发生地震，震级多大？不详。宿州地域有震感。

1671 年（清圣祖康熙十年）

水灾：春，宿州地域的埇桥、萧县、砀山地区多雨，黄河水涨，于萧县境内溃决，洪水殃及萧县及埇桥的局部地区。

地震：秋八月，宿州地域受山东费县地震影响波及，有明显震感。费县地震震级为五级，震中烈度六度。

雪灾：冬，宿州地域的埇桥、灵璧及泗县局部地区大雪成灾。

1672 年（清圣祖康熙十一年）

水灾：秋，宿州地域及周边地区连降大雨，黄河水猛涨，先后于河南虞城。宿州地域的萧县溃决，洪涝祸及宿州地域全境。

地震：五月，徐州沛县发生了 3.25 级地震。宿州地域受波及，有震感。

1673 年（清圣祖康熙十二年）

水灾：六月，宿州地域的埇桥、灵璧、泗县地区大雨连绵，黄河于砀山毛城铺决口，涝渍成灾，淹没庄稼，秋粮大幅减收。

1674 年（清圣祖康熙十三年）

水灾：秋，宿州地域及上游豫东地区多雨水，积涝成灾，黄河于砀山境内毛城铺决口，洪水东南向奔涌，泛滥成灾。宿州地域全境受洪水侵害，围困村舍，淹没庄稼，许多灾民或避居岗丘，或巢居树上。庄稼绝收，酿成大灾。

旱灾：夏，宿州地域的萧县、砀山、埇桥及灵璧地区久旱无雨遭遇旱灾，禾苗枯萎，影响收成。

蝗灾：夏，宿州地域的埇桥、灵璧及毗邻地区发生蝗灾。

1675 年（清圣祖康熙十四年）

水灾：夏秋，宿州地域及周边州县多雨，且间断性连阴雨，积涝成灾，黄河水陡涨，多处溃决，造成严重洪涝灾害。宿州地域全境深受洪涝危害，淹没田园庄稼，冲毁民舍，损失惨重。

地震：六月中旬，山东今菏泽地区发生地震，震中在何处？震级多大？不详，宿州地域被波及，有震感。

1676 年（清圣祖康熙十五年）

水灾：夏，宿州地域大雨连连，涝渍成灾。

1677 年（清圣祖康熙十六年）

水灾：春夏间，宿州地域及周边地区多雨发大水，黄河水涨，于徐州境内多处决口，泛滥成灾。宿州地域全境遭遇洪涝灾害，淹没田园、民舍，秋季作物严重减收。

1678 年（清圣祖康熙十七年）

水灾：秋，宿州地域及周边地区连降大雨，涝渍成灾，淹浸庄稼，影响收成。

霜冻：初春，宿州地域的砀山、萧县地区遭遇倒春寒霜冻灾害，冻杀麦苗，影响收成。

1679 年（清圣祖康熙十八年）

旱灾：春夏，宿州地域及北邻徐州地区自三月至八月无雨，遭遇大旱灾，禾苗枯死，赤地千里，灾情十分严重。

蝗灾：夏，宿州地域在遭遇旱灾同时，又发生蝗灾，飞蝗遍野，禾苗被啃食殆尽。

1680 年（清圣祖康熙十九年）

水灾：夏，宿州地域的萧县、砀山地区连降大雨，大雨如注，平地成湖，洪涝严重，淹没庄稼，有的房屋倒塌。秋季作物严重减收。是年夏秋之交，淮河上游山洪暴发，加上安徽境内沿淮一带大雨连绵，淫雨连续七十多天，下游又有黄河来洪顶托，宣泄不畅，洪泽湖水猛涨，淮河大堤、洪泽大堤等先后溃决，洪水铺天盖地，将建城已千余年的古泗州城（在今江苏盱眙境内）沉入洪泽湖底。宿州地域的泗县、灵璧地区受灾尤为惨重，田野一片汪洋，平地行舟，许多村庄民舍被冲毁倒塌，人畜溺死难以计数，数十万灾民家破人亡，流离失所，流徙他乡。

1681 年（清圣祖康熙二十年）

雹灾：正月，宿州地域的埇桥、灵璧地区发生雷雨冰雹灾害。

1682 年（清圣祖康熙二十一年）

水灾：夏秋，宿州地域及邻县地区多雨，渍涝成灾，黄河于宿州地域萧县境内溃决，泛滥成灾，宿州地域倍受其害。

地震：正月，徐州沛县发生地震，震级 3.25 级，震中烈度为 4 度。宿州地域有震感。

1683 年（清圣祖康二十二年）

水灾：秋，宿州地域及北邻徐州地区大雨成灾，涝渍浸淹庄稼，影响收成。

雾灾：春，宿州地域及毗邻地区多雾霾，影响麦子扬花灌浆，麦子多生黑黄锈病，几近绝收。

饥荒：宿州地域因午秋严重减收，酿成饥荒。

1684 年（清圣祖康熙二十三年）

水灾：秋，宿州地域多雨水，积涝成灾，渍淹庄稼，减收。

风灾：八月，宿州地域的灵璧及其邻边的埇桥、泗县局部地区遭遇大雨暴风袭击，拔树毁屋，秋季作物倒伏受损，大幅减收。

1685 年（清圣祖康熙二十四年）

水灾：七月，宿州地域大雨连绵、涝渍成灾。河湖水涨，一片汪洋，田园淹没，许多民舍倒塌，秋粮几近绝收。

饥荒：冬至次年春，宿州地域发生大饥荒，树叶树皮、草根野菜，凡可食之物殆尽，灾民多有卖儿卖女者，大批流徙逃荒他乡。

1686 年（清圣祖康熙二十五年）

旱灾：春夏间，宿州地域及周边地区久旱无雨，遭遇旱灾，午季歉收，春种受影响。

蝗灾：宿州地域是年春夏间在遭遇旱灾同时又发生蝗灾。

1688 年（清圣祖康熙二十七年）

水灾：秋，宿州地域大雨连绵，渍涝成灾，淹没秋季作物，秋粮歉收。

1689 年（清圣祖康熙二十八年）

水灾：夏秋间，宿州地域及周边州县，淫雨连绵，久阴不晴，涝渍成灾，平地水深数尺，淹没庄稼，秋粮严重歉收，从而导致饥荒发生。

1690 年（清圣祖康熙二十九年）

旱灾：秋，宿州地域及北邻州县普遍发生旱灾，尤以东部的泗县、灵璧地区为重，秋粮歉收。

蝗灾：秋，宿州地域干旱并发生蝗虫灾害。

1691 年（清圣祖康熙三十年）

旱灾：春夏，宿州地域及邻边州县普遍遭遇大旱灾，麦子大幅减产，局部地区几近绝收。春种受影响，禾苗枯萎，影响秋季。

1693 年（清圣祖康熙三十二年）

旱灾：夏，宿州地域及毗邻地区久旱无雨，遭遇大旱灾。

雾霾大风：春，宿州地域西部的萧县、砀山及北邻地区发生雾霾，多日不散，白昼如晦。后又刮起大风，拔树毁屋，造成损失。

水灾：秋，宿州地域连降大雨，涝渍成灾，淹没庄稼，秋粮减收。

1694 年（清圣祖康熙三十三年）

水灾：秋末，宿州地域及周边地区秋雨连绵，涝渍成灾，河水漫溢，黄河于徐州境内溃决，洪水泛滥，淹没田园，冲毁民舍，损失惨重。

1695 年（清圣祖康熙三十四年）

水灾：夏，宿州地域及北邻州县多雨，黄河水涨，于徐州境内溃决，洪涝叠加，浸害宿州地域，淹没庄稼，秋粮减收。

地震：初夏，受山西临汾八级强地震影响，宿州地域全境震感明显强烈。

1696年（清圣祖康熙三十五年）

水灾：秋，宿州地域及周边各州县秋雨连绵，埇桥自五月至七月淫雨不止，积涝成灾，河湖漫溢，洪涝夹击，平地水深数尺，淹没庄稼，冲毁民舍，秋粮严重减收，从而酿成秋冬及次年春饥荒。

地震：五月，受徐州沛县3.25级地震影响，宿州地域全境受波及，有震感。

1698年（清圣祖康熙三十七年）

水灾：夏，宿州地域及周边州县，大雨连连，黄河水涨，于徐州铜山境内溃决，洪水泛滥，宿州地域全境遭遇洪涝灾害，淹没庄稼，秋粮歉收。

1699年（清圣祖康熙三十八年）

水灾：夏，宿州地域东部的泗县、灵璧及埇桥东北部局部地区遭遇水灾，涝渍淹损，庄稼减收。

1700年（清圣祖康熙三十九年）

水灾：七月，宿州地域及北邻徐州地区各地，遭遇特大暴雨，连续数日，昼夜不止，平地水深数尺，淹没庄稼，冲毁民舍，损失惨重，秋粮减收，酿成饥荒。

1701年（清圣祖康熙四十年）

水灾：秋，宿州地域及北邻州县发大水，秋稼受淹减收。

旱灾：夏，宿州地域全境遭遇旱灾，禾苗枯萎影响秋收。

1702年（清圣祖康熙四十一年）

水灾：秋，宿州地域及邻边地区普遭洪涝灾害。

1703年（清圣祖康熙四十二年）

水灾：夏，宿州地域东部的灵璧、泗县地区遭遇水灾。

旱灾：秋，宿州地域毗邻宿迁的泗县发生大旱，秋禾枯死。

冰雹：春，宿州地域的萧县、砀山地区发生大雨冰雹灾害，冰雹大如鸡卵，砸伤麦子、春禾。

1704 年（清圣祖康熙四十三年）

旱灾：是的春夏间，宿州地域的萧县、砀山地区发生旱灾。

瘟疫：春夏间，宿州地域的萧县、砀山地区，疫病流行，多有病死者。

饥荒：春，宿州地域由于连续多年水旱灾害侵扰，粮食大幅歉收，导致大饥荒，灾民多流徙他乡。

1705 年（清圣祖康熙四十四年）

水灾：秋，宿州地域中东部的埇桥、灵璧、泗县地区大雨成灾，涝渍淹损庄稼减收。

雪冻：春三月，宿州地域的萧县、砀山及埇桥局部与徐州毗邻地区，忽降暴雪，冻杀麦苗及开花果树。

1706 年（清圣祖康熙四十五年）

水灾：夏秋，宿州地域及周边州县连降大雨，两三个月少有间断，遍地汪洋，平地水深数尺，淹没田园，冲毁民舍，庄稼几近绝收，酿成冬春大饥荒。

1707 年（清圣祖康熙四十六年）

水灾：秋，宿州地域的萧县、砀山地区连降大雨，黄河于徐州丰县境内溃决，遭受洪涝灾害。

饥荒：春，宿州地域因连续两年水灾，酿成大饥荒。

1709 年（清圣祖康熙四十八年）

水灾：春三月至八月，宿州地域及周边州县，连续五个月为多雨天气，尤以六月为最，大雨如注，旬日不止，平地汪洋，田禾尽没，农舍倒塌多多，午秋两季几近绝收，受灾惨重。

饥荒：自是年夏至次春，宿州地域因遭遇特大水灾，午秋二季几近绝收，灾民生活无着，只好大批流徙他乡，乞讨为生。卖儿卖女者有之，饥病死者多多，甚而铤而走险为匪为盗。

瘟疫：夏秋间，宿州地域大水过后，瘟疫流行，病死者难以计数。

1712 年（清圣祖康熙五十一年）

水灾：夏，宿州地域大雨成灾，涝渍伤稼减收。

1713 年（清圣祖康熙五十二年）

水灾：夏，宿州地域东部的泗县、灵璧地区多雨，涝渍成灾，淹没庄稼。

旱灾：秋，宿州地域东部灵璧、泗县地区遭遇旱灾，尤其是其南部毗邻五河地区的旱情尤重，庄稼枯萎，大幅减收。

1714 年（清圣祖康熙五十三年）

旱灾：春，宿州地域中东部的灵璧、泗县及埇桥局部地区久旱无雨，遭遇旱灾，麦苗枯萎减收。春种亦受影响。

蝗灾：秋，宿州地域西部的萧县、砀山局部地区发生蝗灾，伤害禾苗，秋粮减收。

1715 年（清圣祖康熙五十四年）

水灾：秋，宿州地域及北邻徐州地区大雨连连，积涝成灾，淹渍庄稼，冲毁农舍，粮食减收。

1716 年（清圣祖康熙五十五年）

水灾：夏，宿州地域东部泗县、灵璧遭遇水灾涝渍淹损庄稼。萧县、砀山地区是年六月七月间，暴雨成灾。宿州地域全境秋粮大幅减收。

旱灾：春，宿州地域的萧县、砀山地区久旱无雨，发生旱灾，麦季受影响减收，春种亦受影响。

蝗灾：秋，宿州地域全境都不同程度遭遇蝗灾，庄稼受害。

地震：冬十一月，徐州沛县发生 3.25 级地震。宿州地域受波及，有震感。

1720 年（清圣祖康熙五十九年）

水灾：夏，宿州地域西部萧县、砀山地区大雨成灾，黄河漫溢，洪涝渍浸庄稼，秋季大幅减收。

1721 年（清圣祖康熙六十年）

寒潮：春三月，宿州地域的萧县、砀山地区遭遇特强寒潮侵袭，冻杀麦苗及春禾，果树冻坏。麦季严重减收，酿成饥荒。

1725 年（清世宗雍正三年）

水灾：夏六月，宿州地域大雨连绵，积涝成灾，黄河、淮水并涨漫溢，黄河于睢宁境内决口，洪涝夹击，淹没田园庄稼，泗县受灾尤重。

1726 年（清世宗雍正四年）

水灾：四月，宿州地域东部泗县、灵璧地区多雨，积涝成灾，麦子受淹渍减收。

1727 年（清世宗雍正五年）

水灾：秋，宿州地域的萧县、砀山及周边地区阴雨连绵，涝渍成灾，黄河漫溢泛滥，于徐州沛县内决口，洪水涝渍、淹浸，庄稼减收。

1728 年（清世宗雍正六年）

水灾：夏，宿州地域多雨水涝渍成灾，庄稼减收。

雹灾：秋，宿州地域的埇桥及毗邻地区遭遇大雨冰雹袭击，冰雹有的像鸡卵，大的如拳头，砸坏房屋，砸坏秋庄稼，人畜伤亡甚多。

1729 年（清世宗雍正七年）

水灾：秋，宿州地域秋雨连绵，积涝成灾。黄河自砀山毛城铺漫溢泄洪，宿州地域全境皆为黄泛洪水所害，淹没田园庄稼，冲毁民舍，受灾惨重。

1730 年（清世宗雍正八年）

水灾：秋，宿州地域及周边州县大雨连连，遭遇大水灾，田园多被淹没，涝渍伤害庄稼歉收。

1731 年（清世宗雍正九年）

水灾：秋，宿州地域全境遭遇水灾，秋粮大幅减收。

地震：冬十一月，江苏连云港地区发生地震，震级、烈度等不详。宿州地域受波及，有震感。

1732 年（清世宗雍正十年）

旱灾：春，宿州地域的萧县、砀山地区久旱无雨，遭遇大旱，影响麦子及春种。

水灾：秋，宿州地域的灵璧、泗县及埇桥局部地区大雨连绵，积涝成灾。

1733 年（清世宗雍正十一年）

水灾：夏，宿州地域多雨水，积涝成灾，黄河漫溢，在砀山毛城铺决口，洪水泛滥，浸淹庄稼，秋粮减收。

1734 年（清世宗雍正十二年）

水灾：春，宿州地域的泗县及灵璧南部淫雨连绵，涝渍成灾，麦子春苗皆受影响。

1736 年（清高宗乾隆元年）

水灾：四月，皖苏鲁豫接壤地区淫雨连绵，黄河、淮水猛涨，黄河自砀山毛城闸泄洪，洪水侵袭，萧县、砀山受灾尤重，平地水深数尺，麦子被淹，几近绝收，春种禾苗亦被淹没。

1737 年（清高宗乾隆二年）

水灾：秋，宿州地域发生水灾，尤以萧县、砀山地区受灾严重。

1738 年（清高宗乾隆三年）

水灾：初秋，宿州地域及北邻徐州地区阴雨连绵，积涝成灾，淹渍庄稼，尤以萧县、砀山受灾为重。

1739 年（清高宗乾隆四年）

水灾：夏，宿州地域及周边州县连续遭遇暴雨，黄河漫溢，洪水南泛，低洼地被淹没，积水深数尺至丈余，成熟的麦子被淹没，春禾被淹死，许多民舍被冲毁，损失惨重，酿成秋冬至次春的大饥荒。

冰雹：夏，宿州地域的萧县、砀山及灵璧、泗县北部的局部地区遭遇大雨冰雹灾害，砸毁秋庄稼。

1740 年（清高宗乾隆五年）

水灾：夏秋，宿州地域及周边州县大雨连绵，黄河及境内河湖陡涨，溃决漫溢，平地水深数尺，田园庄稼多被淹没，秋苗多被淹死，几近绝收。许多民宅被冲毁，损失惨重，酿成大饥荒。

1741 年（清高宗乾隆六年）

水灾：夏秋，宿州地域及毗邻地区连遭暴雨，黄河、淮河并涨，河湖漫溢，形成洪涝灾害，平地水深数尺，秋季庄稼大多亦被淹死，大幅减收，酿成大饥荒。

1742 年（清高宗乾隆七年）

水灾：春，宿州地域的萧县、砀山地区大雨连连，麦子春苗渍浸受损。夏秋间，宿州地域及周边地区大雨成灾，黄河水涨，又先后在徐州、宿州境内多处溃决，造成洪涝，遍地汪洋，秋季作物受淹严重，大幅减产。

1743 年（清高宗乾隆八年）

水灾：秋宿州地域及周边地区大雨成灾，黄河决口漫溢，洪水泛滥，淹没庄稼，秋粮减收。

旱灾：春，宿州地域毗邻徐州的局部地区遭遇旱灾，麦季减收。

1744 年（清高宗乾隆九年）

水灾：夏秋间，宿州地域及毗邻徐州地区大雨连连，积涝成灾，黄河水涨，漫溢泛滥，洪涝渍浸田园，庄稼受淹减收。

旱灾：春，宿州地域的萧县、砀山地区遭遇旱灾。

蝗灾：春，宿州地域的埇桥、灵璧、泗县北部地区普遍遭遇蝗灾，伤损庄稼。

1745 年（清高宗乾隆十年）

水灾：初夏，宿州地域及北邻地区连降大雨，河湖水涨漫溢。黄河于宿州地域萧县毛家河处溃决，洪水泛滥，田园被淹，低洼之地麦子被淹绝收。六七月间，又是大雨连降，河湖漫溢，洪涝渍淹致使秋季作物大幅减收，低洼之地秋粮绝收。

旱灾：春，宿州地域久旱无雨，遭遇旱灾。

1746 年（清高宗乾隆十一年）

水灾：夏，宿州地域及周边州县连降大雨，积涝难排，河湖漫溢，黄河于砀山境内毛城铺泄洪，洪涝为灾，庄稼被淹，民舍倒塌，秋粮大幅减收，低洼地绝收。

冰雹：夏，宿州地域的灵璧及邻边地区遭遇大雨冰雹袭击，冰雹砸伤庄稼，导致减收。

1747 年（清高宗乾隆十二年）

水灾：夏，宿州地域及周边州县连降暴雨，积涝成灾，河湖水涨，黄河、淮水漫溢，淹没田园庄稼，民舍多有倒塌，秋粮受淹，大幅减收。

1748 年（清高宗乾隆十三年）

水灾：夏秋，宿州地域及周边地区连降大雨河湖漫溢、黄河水涨漫溢，洪涝淹没农田，庄稼被淹减收。

1749 年（清高宗乾隆十四年）

水灾：夏秋，宿州地域及周边地区，多雨水，积涝成灾，秋季作物受淹渍浸，大幅减收，尤以萧县、砀山地区受灾为重，低洼地秋粮基本绝收。

1750 年（清高宗乾隆十五年）

水灾：夏秋，宿州地域及周边地区大雨连绵，加上上游客水过境，宣泄不畅，黄河、淮水并涨漫溢，洪涝叠加，宿州地域倍受其害，田园庄稼被淹，民舍多有倒塌，损失惨重。

1751 年（清高宗乾隆十六年）

水灾：秋，宿州地域及周边地区大雨连绵，河湖漫溢，渍涝成灾，淹没田园庄稼，毁坏民舍，秋粮减收，酿成饥荒。

1752 年（清高宗乾隆十七年）

水灾：六月，宿州地域中东部多雨水，积涝成灾，加之黄河在铜山境内溃决漫溢，洪水南泛，宿州地域的埇桥、灵璧、泗县地区遭遇洪涝灾害，淹没田园庄稼，冲毁民舍，秋粮大幅减收。

蝗灾：秋，宿州地域的灵璧、泗县及埇桥局部地区发生蝗灾。

1753 年（清高宗乾隆十八年）

水灾：夏秋，宿州地域及周边州县连降大雨，积涝成灾，河湖并涨，黄河于萧县杨家洼及徐州境内先后溃决，洪水泛滥，平地水深数尺，庄稼被淹，民舍被冲毁，损失惨重。宿州地域全境自是年六月至九月淫雨不止，埇桥、灵璧、泗县临淮地区低洼，因淮河漫溢，平地水深丈余。泗县县城内水深二三尺，城墙倒塌十余丈，民宅倒塌无数。大片田地被水淹没，庄稼绝收，许多低洼之地，洪水至次年春方才渐次退尽，麦子无法下种，酿成是年秋冬至次年春的普遍大饥荒。

蝗灾：秋，宿州地域的灵璧、泗县及邻边地区发生蝗灾。

1755 年（清高宗乾隆二十年）

水灾：春夏间，宿州地域及周边地区淫雨连绵，灵璧、泗县自春二月至夏六月，数月间，雨水少有间止。积涝成灾，河湖并涨，洪水漫溢，低洼地区水深数尺至丈余不等，麦子被淹绝收，秋季作物或种不上，或禾苗被淹死，仅高阜之地略有收成，午秋二季粮食大幅减收，酿成饥荒。

1756 年（清高宗乾隆二十一年）

水灾：秋，宿州地域及周边地区秋雨连绵，积涝成灾，黄河漫溢，宿州地域全境受灾严重，秋粮减收。

旱灾：春夏之交，宿州地域的萧县、砀山地区发生旱灾。

瘟疫：春夏间，宿州地域的萧县、砀山的局部地区瘟疫流行，多有病死者。

1757 年（清高宗乾隆二十二年）

水灾：从夏至秋，宿州地域及周边州县又是阴雨连绵，积涝成灾，低洼地区有的上年积水尚未排尽，又添新洪，复被淹没，河湖并涨漫溢，加之上游豫东地区来洪，浸没田园，部分村舍亦被水围，民舍倒塌甚多，损失惨重。

1758 年（清高宗乾隆二十三年）

水灾：秋宿州地域及周边州县、阴雨连绵，积涝成灾，上游豫东来洪，浸没田园，部分村舍亦被水围，民舍倒塌甚多，损失惨重。

1758 年（清高宗乾隆二十三年）

水灾：秋，宿州地域及周边州县、阴雨连绵，积涝成灾，上游豫东来洪凶猛，黄河于宿州地域砀山境内毛城铺溃决泄洪，宿州地域全境遭遇洪涝灾害，田园淹没，民舍多有倒塌，秋粮大幅减收，酿成饥荒。

蝗灾：夏，宿州地域的砀山、萧县及埇桥地区，发生蝗灾，禾苗受害。

1759 年（清高宗乾隆二十四年）

水灾：夏秋，宿州地域及周边地区，暴雨连旬，河湖猛涨，洪涝成灾，低洼地区全被淹没庄稼绝收，并影响秋季种麦。

1760 年（清高宗乾隆二十五年）

水灾：夏，宿州地域及周边地区阴雨月余不间止，麦子成熟未及收割晾晒入仓，导致霉变发芽。是年五、六月，雨势渐大，上游豫东地区客水汹涌而至，致使宿州地域减水坝泄洪，洪水泛滥，宿州地域洪涝叠加，倍受其害，低洼地秋禾绝收。午秋二季大幅减收，酿成饥荒。

1761 年（清高宗乾隆二十六年）

水灾：秋，宿州地域秋雨连绵，积涝成灾，黄河水涨，于徐州铜山境内溃决，洪水灌入灵璧、泗县地区，淹损庄稼，秋粮减收。

1762 年（清高宗乾隆二十七年）

水灾：秋，宿州地域连续多场秋雨导致涝渍成灾。

1763 年（清高宗乾隆二十八年）

水灾：夏秋，宿州地域及周边地区又遭连阴雨，积涝成灾，低洼地区庄稼多被淹渍枯死，尤以萧县、砀山地区受灾较重。

1765 年（清高宗乾隆三十年）

水灾：夏秋，宿州地域及周边地区多雨，积涝成灾，低洼地区秋季庄稼被淹，收成受影响。其中萧县、灵璧、泗县等地区因上游客水涌至，河湖并涨，黄河、淮水漫溢，受灾较重。

1766 年（清高宗乾隆三十一年）

水灾：夏秋季，宿州地域及周边地区，雨水偏多，加之上游客水过境，黄河除开启砀山毛城铺减水坝、泄洪闸泄洪外，又于徐州境内多处决口。宿州地域全境皆遭受来洪及本地涝渍侵袭，受害惨重，庄稼被淹，民宅多有被冲毁，数万户灾民流离失所，逃往他乡。

1767 年（清高宗乾隆三十二年）

水灾：初夏，宿州地域的萧县、砀山地区多雨，麦子受淹减收。

1768 年（清高宗乾隆三十三年）

旱灾：夏，宿州地域的灵璧、泗县地区遭遇旱灾。

1769 年（清高宗乾隆三十四年）

水灾：秋，宿州地域及周边地区因连降大雨，河流宣泄不畅，造成涝渍，庄稼被淹减收。

蝗灾：夏秋间，宿州地域的泗县毗邻宿迁的局部地区发生蝗灾，伤害秋季作物。

1770 年（清高宗乾隆三十二年）

蝗灾：六月，宿州地域的砀山、埇桥及灵璧局部地区发生蝗灾，秋季作物受害减收。

1771 年（清高宗乾隆三十六年）

水灾：夏，宿州地域东部的灵璧、泗县及周边地区，雨水较多，涝渍成灾，庄稼被淹减收。

1773 年（清高宗乾隆三十八年）

水灾：夏秋，宿州地域的埇桥、灵璧、泗县多雨，涝渍成灾，尤以沿淮地区为重，低洼地区庄稼被淹绝收。低洼地区积水至冬季方才排尽涸出。

1776年（清高宗乾隆四十一年）

水灾：六月，宿州地域及周边州县，大雨连旬不间止，积涝成灾，河湖漫溢，黄河于萧县李家楼溃决，洪水泛滥，地势稍低的田地庄稼大多被淹毁，秋粮大幅减收。

1778年（清高宗乾隆四十三年）

旱灾：夏，宿州地域的萧县、砀山、灵璧及毗邻的局部地区久旱无雨，遭遇旱灾，粮食减收。

暴风：夏，宿州地域的萧县、砀山、泗县及毗邻地区遭遇暴风袭击，大风拔树毁屋，造成重大损失。

1780（清高宗乾隆四十五年）

水灾：夏秋，宿州地域及周边州县，大雨频繁，积涝成灾，上游豫东、苏北地区亦是雨水繁多，河湖涨溢。黄河陡涨，宿州地域境内砀山毛城铺泄洪闸、减水坝开启泄洪，并于河南至苏北宿迁段先后多处溃决，地处下游的宿州地域全境皆遭遇来洪侵袭，稍微低洼之地全部被淹没，遍地汪洋，庄稼被淹渍绝收者不计其数，有些村庄被洪水围困，民舍倒塌，尤以泗县及灵璧局部地区损失惨重。

1781年（清高宗乾隆四十六年）

水灾：夏秋，宿州地域及周边州县大雨连绵，积涝成灾，河湖水涨。黄河先后于豫东、皖北、苏北多处溃决，洪水淹没田园庄稼，冲毁民宅，淹溺人畜无数，秋季严重减收，从而酿成是冬次春的大饥荒。

1782年（清高宗乾隆四十七年）

水灾：秋，宿州地域及周边地区大雨成灾，尤以近淮河沿岸地区为重，淮河、濉河泛涨漫溢，埇桥、灵璧、泗县大片田园庄稼被淹，受灾严重。

1783年（清高宗乾隆四十八年）

水灾：夏，宿州地域中东部的埇桥、灵璧、泗县地区多雨水，黄河于灵璧县境内黄家马路口溃决，洪水泛滥。加之上年水灾，一些低洼地区积水尚未退尽，秋季收成大减，灾民饥荒依旧未解。

1784 年（清高宗乾隆四十九年）

旱灾：初夏，宿州地域的灵璧、泗县地区发生旱灾。

蝗灾：初夏，宿州地域的泗县及灵璧县局部地区发生蝗灾，麦子、春苗受害。

1785 年（清高宗乾隆五十年）

旱灾：春，宿州地域普遭大旱，从春至夏，久旱无雨，春季无法播种，麦秋两季皆受影响，大幅减收。

暴风：春，宿州地域普遭沙尘暴袭击，暴风自西北来，拔树毁屋，飞沙走石，人咫尺不相见，站立不住，甚而被刮吹抛远。

地震：春，徐州的铜山、睢宁一带发生 3.25 级地震。宿州地域受波及，有震感。

蝗灾：春，宿州地域的埇桥及灵璧局部地区发生蝗灾。

饥荒：秋冬至次年春，宿州地域全境因连续多年水旱灾害，粮食歉收或是绝收，从而酿成大饥荒，当树叶树皮、野菜草根等可充饥之物无法再获取之时，人或相食，流徙他乡，道路上饿殍枕藉相望。

1786 年（清高宗乾隆五十一年）

水灾：夏，宿州地域东部泗县、灵璧及埇桥沿淮局部地区大雨成灾，秋季作物受涝渍淹浸，导致歉收。

瘟疫：夏，宿州地域的埇桥、灵璧两县毗邻铜山的局部地区疫病流行，有病死现象出现。

1787 年（清高宗乾隆五十二年）

水灾：秋，宿州地域的萧县、砀山大雨成灾，酿成水患。

旱灾：春夏间，宿州地域全境久旱无雨，遭遇大旱灾。

蝗灾：春夏间，宿州地域的灵璧、泗县遭遇蝗灾。

1788 年（清高宗乾隆五十三年）

水灾：夏秋宿州地域及周边地区多雨，积涝成灾，河湖水涨，加之黄河上游豫东、苏北地区开闸泄洪，客水来洪泛滥，淹毁庄稼，尤以萧县、砀山地区受灾较重。

1789 年（清高宗乾隆五十四年）

水灾：五月至六月，宿州地域及周边地区多雨，大雨连连，积涝成灾，河湖漫溢，黄河于砀山毛城铺开闸泄洪，洪水南泛入濉河等境内河流泄入洪泽湖，其间黄河又于睢宁境内决口，洪水宣泄不畅，导致宿州地域全境受害，低洼地区庄稼被淹没。

1790 年（清高宗乾隆五十五年）

水灾：夏秋，宿州地域及周边州县多雨，积涝成灾。六月，黄河于宿州砀山境内王坪庄决口，七月，黄河水势陡涨，砀山毛城铺开闸泄洪，濉河、洪河等宿州地域境内河流泄洪不及，洪水漫溢，沿河地域田地多被淹浸，秋粮因灾歉收。

旱灾：春夏间，宿州地域的泗县及邻边灵璧局部地区发生旱灾。

1793 年（清高宗乾隆五十八年）

水灾：夏秋，宿州地域及周边地区雨水偏多，涝渍成灾，淹浸庄稼减收，其中萧县、砀山地区稍重。

1794 年（清高宗乾隆五十九年）

水灾：夏秋，宿州地域多雨水，加之黄河上游豫东地区大雨连绵，黄河来水猛涨，砀山毛城铺开闸泄洪仍不济事，河水漫溢又于徐州境内溃决，洪涝并起，宿州地域全境受害，以砀山为重，秋粮欠收。

1796 年（清仁宗嘉庆元年）

水灾：夏秋，宿州地域及南边地区雨水连绵，河湖水涨。六月，黄河先于徐州丰县境内决口，后又在宿州地域的砀山溃堤，洪水奔涌南泛，宿州地域全境遭遇洪涝灾害，低洼地区庄稼全被淹浸，积水数尺，秋季作物收成减半或至七八成，酿成是冬至次春大饥荒。

1797 年（清仁宗嘉庆二年）

水灾：秋，宿州地域多雨，尚不成灾，但因黄河上游河南境内大雨连绵，黄河猛涨，来洪汹涌，于砀山境内自虞城交界处至赵家堤口，长二十余里堤顶漫水溢洪，滚滚洪水由砀山境内承恩沟、利民河下泄，汇入洪河、濉河东流入洪泽湖。砀山县城被洪水围困，萧县、埇桥、灵璧、泗县皆遭来洪侵袭，低洼田地庄稼尽被淹没，受害严重。

1799 年（清仁宗嘉庆四年）

水灾：夏秋，宿州地域及周边州县，大雨连绵，积涝成灾，黄河上游豫东地区亦是大雨旬日不止。黄河开砀山毛城铺闸分洪泄流不及，又先后于砀山、萧县境内多处溃决漫堤，宿州地域全境皆受来洪内涝侵袭，遍地汪洋，淹没庄稼，冲毁民舍，低洼地秋粮绝收，损失惨重。

1800 年（清仁宗嘉庆五年）

水灾：秋八、九月间，宿州地域及周边地区多雨水。黄河上游豫东地区大雨连绵，河水猛涨。黄河于砀山境内邵家坝溃决，泛滥成灾；淮河水涨漫溢，洪涝叠加，宿州地域全境受灾，尤以萧县、砀山、泗县等地为重。

1801 年（清仁宗嘉庆六年）

水灾：秋，因黄河上游河南境内大雨成灾，黄河水涨，于宿州地域萧县唐家湾溃决漫溢，洪水泛滥，致使宿州地域的萧县、埇桥、灵璧、泗县局部低洼地区被来洪侵袭，秋季庄稼受淹减收。

1802 年（清仁宗嘉庆七年）

水灾：秋，宿州地域及周边州县多雨水，已成涝灾，而黄河上游豫东一带大雨成灾，黄河猛涨，于宿州地域砀山境内多处溃决漫溢，洪流泛滥，涌入宿州地域境内洪河、濉河等河流，宣泄不及，酿成大的洪涝灾，宿州地域全境受灾害，庄稼被淹减收。

1803 年（清仁宗嘉庆八年）

水灾：夏，宿州地域及周边地区雨水偏多，积涝成灾，河湖水涨，低洼地区庄稼受淹渍收成大减。其中以萧县、砀山受灾稍重。

1804 年（清仁宗嘉庆九年）

水灾：秋，宿州地域及周边地区多雨，涝渍成灾。黄河因上游豫东来洪，河水猛涨，砀山境内毛城铺开闸泄洪不及，黄河又先后于徐州境内铜山，睢宁地区溃决漫溢。宿州地域低洼地区庄稼被淹没，秋粮减收。

1805 年（清仁宗嘉庆十年）

旱灾：夏，宿州地域及周边地区久旱无雨遭遇大旱，禾苗枯萎，秋粮减收。

1806 年（清仁宗嘉庆十一年）

水灾：秋，宿州地域及周边地区多雨水，涝渍成灾。

1807 年（清仁宗嘉庆十二年）

水灾：初秋，宿州地域及周边地区雨水偏多，黄河及境内河湖漫溢，低洼地区庄稼受淹浸减收。

暴风：春三月，宿州地域的埇桥、灵璧局部地区遭受暴风袭击。暴风自西北铜山境内刮来，沙尘蔽日，阴晦难辨方向，拔树毁屋，人难站立。

1808 年（清仁宗嘉庆十三年）

水灾：秋，宿州地域及周边地区雨水偏多，积涝成灾，低洼田地有积水，庄稼受淹渍减收。

冰雹：埇桥、灵璧、泗县局部地区于是年夏遭遇大雨冰雹灾害，庄稼被砸伤，房屋被砸毁，人畜被砸伤无数。

1810 年（清仁宗嘉庆十五年）

暴风：春正月，宿州地域及沿淮淮北地区普遍遭遇大风沙尘暴袭击，竟日不息，风呈橙红色，白昼如晦，飞沙走石，人不能站立，拔树毁屋，如千军万马嘶吼。

1811 年（清仁宗嘉庆十六年）

水灾：秋，宿州地域及周边地区多雨水，积涝成灾。黄河水涨，于宿州地域砀山李家楼处溃漫，洪水东泄，奔涌泛滥，宿州地域全境皆遭遇来洪涝渍浸害，局部低洼地区，田地村舍俱淹浸在洪水之中，砀山县城被水围困，灾情之重，数年罕见，秋粮减收或绝收，酿成是冬至次春大饥荒。

1812 年（清仁宗嘉庆十七年）

旱灾：4 月，宿州地域及周边州县久旱无雨，致大旱，小麦受旱减收。

1813 年（清仁宗嘉庆十八年）

水灾：秋，宿州地域及周边地区，大雨连连，积涝成灾。黄河于徐州铜山境内溃决，洪涝叠加，致宿州地域灾情加重，洪水宣泄不及，低洼地区庄稼被淹，民舍或有被冲毁，秋粮减收严重。

旱灾：春夏间，宿州地域及周边地区久旱无雨遭遇大旱，麦子受旱减收，春种亦受影响，入秋又遇水灾歉收，是故酿成是冬及次春大饥荒，灾民多流徙他乡，乞讨度命。

暴风：夏六月，宿州地域东部灵璧、泗县的北部地区，遭遇暴风袭击，大风拔树毁屋，造成局部损失。

冰雹：六月，宿州地域东部的泗县、灵璧局部地区遭遇骤雨冰雹灾害，冰雹砸伤秋禾，造成歉收。

1814 年（清仁宗嘉庆十九年）

旱灾：夏，宿州地域中东部埇桥、灵璧、泗县南部近淮地区普遭大旱，久旱无雨，秋禾枯萎，影响收成。

1815 年（清仁宗嘉庆二十年）

水灾：夏，宿州地域雨水偏多，河湖漫溢，低洼地区积水，庄稼受淹浸，影响收成。

1816 年（清仁宗嘉庆二十一年）

水灾：夏秋，宿州地域及周边地区阴雨连绵河湖并涨，黄河水大流急，多处漫溢，低洼田地无不积水被淹，秋季作物受灾，严重减收。

1817 年（清仁宗嘉庆二十二年）

水灾：秋，宿州地域及周边地区大雨连绵积涝成灾，黄河水涨，来洪漫溢泛滥，宿州地域低洼地区，全部积水被淹，秋季作物受淹减收。

1818 年（清仁宗嘉庆二十三年）

水灾：夏六月，宿州地域的砀山、萧县地区因黄河上游豫东地区大雨成灾，黄河水涨于河南虞城境内溃决，洪水东泛，殃及萧、砀地区受害，低洼田地庄稼被淹，影响收成。

地震：冬二月中，山东滕县发生地震，震级多大？不详。宿州地域受波及，有震感。

1819 年（清仁宗嘉庆二十四年）

水灾：夏秋间，宿州地域及周边州县，大雨连绵，积涝成灾，加上黄河在豫东地区多处溃决，黄洪南泛，汇入宿州地域境内濉水、沱河等河道，宣泄不及，低洼田地积水被淹，秋稼受损减收。

地震：四月，宿州地域的埇桥、灵璧地区发生有感地震。有声自东北来，震动如雷至，移时方定，数日后复震。震中在何地？震级多少？不详。

1820 年（清仁宗嘉庆二十五年）

水灾：夏秋，宿州地域及周边地区大雨连绵，积涝成灾。黄河于豫东兰考境内溃决，来洪泛滥，宿州地域的砀山、萧县遭遇洪涝灾害较重，中东部各县受涝渍影响，受灾稍轻。

1821 年（清宣宗道光元年）

水灾：夏秋间，宿州地域及周边地区连遭暴雨，黄河水猛涨，漫溢泛滥，沿河各闸开闸泄洪，宿州地域全境遭遇洪涝灾害，低洼地区水深数尺不等，庄稼多被淹浸，民舍多有倒塌。秋粮严重减收，酿成饥荒。

瘟疫：六月，宿州地域的萧县、砀山及埇桥局部地区瘟疫流行，尤以萧县瘟疫严重，病死者众多。

1822 年（清宣宗道光二年）

水灾：夏秋，宿州地域及周边州县，大雨连绵，积涝成灾，黄河水涨漫溢，宿州地域自砀山、萧县以下各县皆遭遇洪涝侵袭，低洼地区积水受淹，尤以砀山、萧县地区为重。秋粮大幅减收，酿成饥荒。

1823 年（清宣宗道光三年）

水灾：秋，宿州地域及北邻徐州地区连降大雨，积涝成灾，秋季作物受涝渍淹浸，影响收成。

1824 年（清宣宗道光四年）

水灾：夏秋，宿州地域多雨水，积涝成灾，淹浸秋禾，影响秋季收成，尤以萧县、砀山地区受灾稍重。

旱灾：六月，宿州地域的埇桥、灵璧及泗县局部地区久旱无雨，遭遇旱灾。

蝗灾：六月，宿州地域的埇桥及灵璧局部地区发生蝗灾。

1825 年（清宣宗道光五年）

水灾：夏六月，宿州地域中东部的埇桥、灵璧、泗县暴雨如注，酿成涝渍水灾，秋稼受淹减收。

1826 年（清宣宗道光六年）

水灾：夏六月，宿州地域及北邻徐州地区连降暴雨，积涝难排，低洼地区水深数尺不等，田园庄稼被淹，一些村舍被水围困，亦有民宅倒塌，秋粮大幅减收，酿成饥荒。

暴风：春夏间，宿州地域的埇桥、灵璧、泗县等地近淮河局部地区遭遇暴风袭击。大风拔树毁屋，给居民带来损失。

1827 年（清宣宗道光七年）

水灾：夏秋，宿州地域及周边地区因雨较多积涝难排，积水淹没低洼田地庄稼，秋粮减收。其中萧县、砀山受灾稍重。

蝗灾：春，宿州地域的萧县、砀山和徐州接壤的局部地区遭遇蝗灾，蝗虫啃食麦子、春苗，造成减收。

1828 年（清仁宗道光八年）

水灾：秋，宿州地域及周边地区雨水较多，积涝成灾，低洼田地被淹，秋稼受灾减收。萧县、砀山地区受灾稍重。

1829 年（清仁宗道光九年）

水灾：夏秋，宿州地域及周边地区多雨水，积涝难排，低洼田地庄稼被淹减收。其中萧县、砀山地区受灾稍重。

地震：十月下旬，安徽五河县发生5.25级地震，震中烈度为7度。受其影响，宿州地域全境震感强烈。其中泗县、灵璧毗邻五河的局部地区亦有房屋倒塌，甚或是人畜伤亡现象发生。

1830年（清仁宗道光十年）

冰雹：夏，宿州地域毗邻徐州铜山的埇桥、灵璧北部的局部地区发生大雨冰雹灾害。

地震：闰四月下旬，河北磁县发生7.5级地震。受其影响，宿州地域全境震感明显。

1831年（清仁宗道光十一年）

地震：八月下旬，安徽凤台县东北部发生6.25级地震，震中烈度为8度。受其影响，宿州地域全境震感明显。

1832年（清仁宗道光十二年）

水灾：夏秋，宿州地域全境多雨水，积涝成灾，低洼田地庄稼被淹渍受害。其中砀山、萧县地区雨水连绵，经月不止，受灾较重。中东部的埇桥、灵璧、泗县地区，则以秋涝灾害为重，秋粮大幅减收。

旱灾：春夏间，宿州地域东部灵璧、泗县及北邻地区自春二月至夏六月无雨，酿成大旱，麦子受影响大幅减收，春种亦无法及时播种，影响夏秋收成。

1833年（清仁宗道光十三年）

雾霾：夏初，宿州地域的泗县、灵璧地区连续多日发生雾霾天气，诱发麦子锈病，导致减收。

饥荒：春，宿州地域因连年水旱灾害侵袭，粮食大幅减收，酿成普遍大饥荒，灾民大批流徙他乡逃荒度命。

瘟疫：春，宿州地域在遭遇饥荒的同时，又发生疫病流行，死者难以计数。

1835年（清宣宗道光十五年）

水灾：夏秋，宿州地域及周边州县大雨连绵不断，积水难排，河湖水涨，低洼地区尽被淹没，庄稼受淹渍浸害，严重影响收成。

蝗灾：夏，宿州地域的泗县发生蝗灾，损害秋苗。

1836 年（清宣宗道光十六年）

水灾：夏秋，宿州地域及周边地区雨水过多，连旬不止，积水难排，河涨湖溢，洪涝成灾，低洼地区庄稼被淹，渍浸损害，造成歉收。

1839 年（清宣宗道光十九年）

水灾：夏秋，宿州地域及周边州县大雨兼旬，积涝成灾，河湖水涨漫溢，黄河水涨，于宿州境内砀山、萧县沿河开闸泄洪，洪水泛滥奔涌东下，侵袭宿州地域全境，低洼地区积水数尺，乃至丈余，庄稼尽被淹浸伤损，大幅减收，酿成饥荒。

1840 年（清宣宗道光二十年）

水灾：六月，宿州地域连降大雨，积水宣泄不及，低洼地区被水淹没，涝渍成灾，秋季作物受淹歉收。

旱灾：春夏间，宿州地域及周边州县普遍遭遇大旱灾，连旬经月不雨，麦子受旱，禾苗枯萎，夏秋作物皆因干旱影响，大幅减收，酿成饥荒。

1841 年（清宣宗道光二十一年）

水灾：秋，皖苏鲁豫接壤地区，秋雨连绵，大雨如注，河湖猛涨。黄河于河南开封附近溃决，水围开封城，洪水奔涌而下，直泄千里汇入洪泽湖。地处下游的宿州地域全境皆遭遇来洪袭击，一片汪洋，田园庄稼被淹没，村舍民居被冲毁，损失惨重，灾民流离失所，逃难他乡。

1842 年（清宣宗道光二十二年）

水灾：秋，宿州地域及北邻徐州地区雨水偏多，涝渍成灾，又因豫东大水，黄河水涨流急，于徐州铜山境内溃决，宿州地域萧县黄河漫溢，低洼田地积水数尺，淹没庄稼，影响收种。

1844 年（清宣宗道光二十四年）

水灾：夏，宿州地域及周边州县沿淮地区多雨水，黄河、淮河水涨漫溢，低洼地区积水，淹损庄稼。

1845年（清宣宗道光二十五年）

水灾：六月，宿州地域多雨水，积涝成灾，秋季受涝渍淹浸，导致歉收。其中萧县、砀山地区灾情稍重。

1846年（清宣宗道光二十六年）

水灾：夏，宿州地域雨水偏多，积涝成灾，低洼地区仍被积水淹没，涝渍浸害庄稼歉收。

地震：六月中旬，黄海发生七级大地震，波及范围达75万平方公里，宿州地域全境受影响，震感明显。

1847年（清宣宗道光二十七年）

旱灾：夏秋，宿州地域及周边州县普遍遭遇大旱，连旬逾月不雨，禾苗枯萎，赤地千里，秋粮几近绝收，酿成大饥荒。

地震：九月上旬，徐州睢宁西北地区发生5级地震。宿州地域全境受波及，震感强烈。

1848年（清宣宗道光二十八年）

水灾：夏秋，黄淮地区大雨连绵洪涝成灾，尤以皖、苏、鲁、豫接壤地区为最。湖河漫溢，黄河、淮河猛涨，多处溃决。宿州地域地处其中，受灾亦重，低洼地水深数尺乃至丈余，平地行舟，田园庄稼被淹，村舍多有被水困围冲毁者，秋粮几近绝收，酿成大饥荒，灾民数以万计，流离失所，逃难他乡。

1849年（清宣宗道光二十九年）

水灾：夏秋，宿州地域及周边州县大雨连绵，涝渍成灾，低洼田地俱被水淹漫浸，秋粮受淹减收。

1850年（清宣宗道光三十年）

水灾：秋，宿州地域及周边州县暴雨如注，连续数日，河道泄流不及，积涝成灾，秋季作物受淹，低洼之地积水数尺，秋粮减收酿成饥荒。

地震：秋，毗邻宿州地域的宿迁境内发生3.25级地震，宿州地域有震感，泗县尤为明显。

1851 年（清文宗咸丰元年）

水灾：秋，宿州地域及周边地区多雨，积涝成灾。黄河水涨于丰县溃决，宿州地域的萧县、砀山受黄泛洪水侵害，受灾较重，其余各地仅低洼田地局部受灾，全境秋季作物皆因洪涝灾害影响歉收。

风灾：春二月，宿州地域的灵璧、泗县地区连续半个多月遭受大风、沙尘暴袭击，黄尘遮天蔽日，白昼如晦，人不能站立，拔树毁屋，损失惨重。

地震：夏三月、五月，江苏宿迁和邳县先后两次发生地震，震级皆为 3.25 级。作为毗邻地区的宿州地域全境受波及，有震感。

1852 年（清文宗咸丰二年）

水灾：夏，宿州地域及周边地区阴雨连绵不止，几近三月不间止，渍涝成灾，秋季作物受淹浸，几近绝收，灾害之重，实属少见。

饥荒：春及秋冬至次年春，因连绵大雨，粮食大幅减收或绝收，从而酿成大饥荒。人无果腹之物，甚而人相食，饥寒交迫，贫病相加，饿殍遍野、尸相枕藉，大批灾民逃命他乡，惨不忍睹。

地震：冬，黄海地区发生 6.75 级强烈地震，地震波及七十多万平方公里。宿州地域全境受波及，震感强烈。

1853 年（清文宗咸丰三年）

水灾：夏秋，宿州地域及周边地区多雨水，积涝成灾，低洼地区被淹。其中萧县、砀山地区因黄河决口漫溢，洪涝加剧，受灾较重。

瘟疫：春，宿州地域的萧县瘟疫流行，病死无数。

地震：三月上旬，黄海地区再次发生 6.75 级强震，波及范围基本同于去冬。宿州地域全境受影响，震感强烈。同年九月，徐州丰县发生 3.25 级地震，宿州地域全境有震感。

1854 年（清文宗咸丰四年）

水灾：秋，宿州地域秋雨连绵，秋季作物，尤其是低洼地区作物受淹渍减收。

旱灾：夏末，宿州地域经月无雨，酿成旱灾减收。

暴风：六月底，宿州地域萧县突遇龙卷风袭击，茅屋瓦房多有被吹翻的，合抱大树被拔起，天昏地黑，但闻风啸崩塌摧折之声，龙卷风所过之处，房倒屋塌，人畜砸伤不计其数，惨不忍睹，受灾地区斜长八十余里。

1855 年（清文宗咸丰五年）

水灾：夏，宿州地域的砀山、萧县地区多雨水，河湖水涨漫溢，低洼田地仍受淹渍，影响收成。是年秋，黄河于河南兰考铜瓦厢处决口，改道北流入渤海。从此以后，宿州地域砀山、萧县境内黄河渐被淤废成故道。

旱灾：夏，宿州地域毗邻睢宁、宿迁的灵璧、泗县地区久旱无雨，遭遇旱灾。

蝗灾：夏，宿州地域的灵璧、泗县地区在遭遇旱灾同时，又发生蝗灾，旱蝗侵害，秋粮减收。

地震：春，徐州沛县发生 3.25 级地震，宿州地域受其影响，有震感。

1856 年（清文宗咸丰六年）

旱灾：夏秋，宿州地域及周边州县乃至黄淮江淮之间普遍遭遇特大旱灾。宿州地域及相邻地区自五月初至八月上旬亢晴无雨，干旱酷热，河湖皆干涸见底，禾苗枯死，赤地千里。庄稼绝收。

蝗灾：夏，宿州地域及周边地区在大旱之时又遇蝗灾侵袭，飞蝗遮天蔽日，草木禾苗皆被食尽。

饥荒：秋冬及次年春，由于连年水旱灾害，粮食减收或绝收，家无存粮，从而酿成大饥荒，甚而人相食，饿殍遍野，枕藉相望，惨不忍睹，灾民大批流徙他乡。

1857 年（清文宗咸丰七年）

水灾：夏，宿州地域的埇桥、灵璧、泗县地区多雨水，涝渍成灾，低洼田地受淹，秋季作物减收。

旱灾：夏，宿州地域的萧县、砀山地区久旱无雨，遭遇旱灾。

蝗灾：夏，宿州地域的萧县、砀山地区在遭遇旱灾同时又发生蝗灾，旱蝗为害，庄稼失收。

1858 年（清文宗咸丰八年）

旱灾：秋，宿州地域的泗县、灵璧地区普遍遭遇大旱，禾苗枯萎，受旱减收。

蝗灾：秋，宿州地域的灵璧、泗县地区遭遇蝗灾，蝗虫蜂起，遮天蔽日，禾苗尽伤。

火灾：春，宿州城南门内火灾，延烧数百家。四月，城隍庙火灾，延烧数十家。

1859 年（清文宗咸丰九年）

水灾：七、八月间，宿州地域及周边地区大雨如注，旬日不止，积水宣泄不及，河湖俱涨漫溢。低洼地区庄稼被淹渍受损减收。其中以萧县、砀山地区受灾稍重。

旱灾：春，宿州地域久晴无雨、遭遇旱灾，午季麦子收成和春种禾苗都受旱灾影响。

地震：二月，山东临沂西部发生 5.5 级地震。受其影响波及，宿州地域全境震感明显。

火灾：春，宿州城大河南街大火，延烧数十家，三月，仓门火灾，延烧十数家。五月，西门内大火，延烧数家。

1860 年（清文宗咸丰十年）

水灾：夏六月，宿州地域全境多雨水，积涝成灾，低洼田地的庄稼受淹渍减收。

1861 年（清文宗咸丰十一年）

水灾：夏秋间，宿州地域及周边地区雨水过多，河湖泛滥，积水难排，涝渍成灾，低洼田地的庄稼受淹浸减收，其中以萧县、砀山地区受灾稍重。

旱灾：夏季，宿州地域连旬无雨，遭遇旱灾，秋季作物受旱，影响收成。

1862 年（清穆宗同治元年）

水灾：夏秋，宿州地域的萧县、砀山一带阴雨连绵，长达两月左右，少有间止，阴雨涝渍，秋季作物受灾减收。

蝗灾：夏五月，宿州地域的萧县、砀山和埇桥地区发生蝗灾。同年四月，宿州地域的泗县发生蝗灾。

暴风：四月，宿州地域的萧县、灵璧、泗县地区先后发生暴风灾害，大风拔树毁屋，人不能站立，造成损失。

1864 年（清穆宗同治三年）

旱灾：五月，宿州地域久旱无雨，遭遇旱灾，禾苗枯萎，庄稼减收，其中萧县、砀山地区受灾偏重。

1865 年（清穆宗同治四年）

水灾：夏秋间，宿州地域及周边地区多雨水，积涝成灾，秋稼受淹减收，其中萧县、泗县受灾较重。

冰雹：四月，宿州地域的萧县及灵璧、泗县的局部地区先后遭遇大雨冰雹袭击，砸伤禾苗。

1866 年（清穆宗同治五年）

水灾：夏秋，宿州地域及周边皖北、苏北地区普遍遭遇大水灾，大雨连旬不止，积涝难排，河湖水涨，淮河溃决漫溢，遍地汪洋，平地行舟，庄稼被淹没，村舍被水困，民宅多被冲毁坍塌，人畜被淹溺死者难以计数，秋粮几近绝收，从而酿成是年冬至次年春的大饥荒。

1867 年（清穆宗同治六年）

水灾：夏秋，宿州地域及周边地区多雨水，涝渍成灾，淹浸庄稼，秋粮减收。

瘟疫：春，宿州地域的灵璧、泗县的局部地区瘟疫流行，多有病死者。

1868 年（清穆宗同治七年）

水灾：春夏间，宿州地域及邻边地区连遭大雨积涝成灾，麦子受淹渍减收，春种不得及时下种，秋季受影响。

旱灾：夏，宿州地域盛夏之时却酷热无雨，普遇大旱，禾苗枯萎，人畜饮水艰难，秋粮减收。

地震：秋，安徽定远县境内发生5.5级地震。受其影响，宿州地域全境受波及，震感强烈。

蝗灾：五月，宿州地域萧县发生蝗灾，禾苗受害。

1869年（清穆宗同治八年）

水灾：三月，宿州地域各地连遭大雨，积涝成灾，低洼地区积水难排，麦子受淹，春种无法播种，麦收减产。

旱灾：夏，宿州地域盛夏无雨，又遭大旱，秋季作物受旱，大幅减收。

1870年（清穆宗同治九年）

水灾：秋，宿州地域及邻县地区多雨水，积涝难排，低洼地区多有积水，秋收秋种皆受影响，秋粮减收。

1871年（清穆宗同治十年）

水灾：秋八月，宿州地域及邻县多雨水，涝渍成灾，低洼地区积水，庄稼受淹渍影响收成。

1872年（清穆宗同治十一年）

水灾：夏，宿州地域多雨水，大雨连绵，境内河流因累年洪泛淤浅宣泄不畅，低洼地区积涝成灾，庄稼受淹浸减收。

1873年（清穆宗同治十二年）

水灾：秋，宿州地域及邻县地区大雨连绵，积水难排，河湖水涨漫溢，低洼地区积水数尺不等，庄稼被淹渍，大幅减产。

旱灾：春夏间，宿州地域及邻边县地区久晴无雨，普遍遭遇大旱，麦子受旱减收，春田无法播种。

1874年（清穆宗同治十三年）

水灾：夏，宿州地域及周边邻县地区雨水偏多，湖河水满涨溢，低洼地区积水数尺不等，庄稼受淹浸减收，酿成饥荒。

1875年（清德宗光绪元年）

水灾：夏秋间，宿州地域多雨水，低洼地区出现涝渍淹浸庄稼现象，影响秋季收成，其中萧县、砀山受害偏重。

1876年（清德宗光绪二年）

旱灾：春夏，包括宿州地域在内的黄淮地区普遍遭遇特大旱灾，大多是自是年春正、二月至夏闰五月或是初秋七月。长达五个月左右久晴无雨，酿成大旱，禾苗枯萎，赤地千里，河湖干涸，井泉无水，午季小麦大幅减收或几近绝收，秋禾枯萎，亦近绝收，只有部分地区得秋雨稍早，补种晚秋作物尚有些收成，从而酿成大饥荒，灾民大批逃难他乡。

蝗灾：初秋，宿州地域普遍遭遇蝗灾，因大旱，本已枯萎的庄稼、树叶、野草亦被啃食殆尽。

1877年（清德宗光绪三年）

水灾：夏秋之交，宿州地域及周边地区淫雨连绵，积涝成灾，低洼地区多有积水淹浸庄稼，影响收成。

旱灾：夏初，宿州地域久晴无雨，普遍遭遇大旱。

蝗灾：秋，宿州地域各地普遍发生蝗灾，飞蝗蔽天，啃食禾苗，严重地方蝗虫尸体竟麇集积聚盈尺。

1878年（清德宗光绪四年）

水灾：夏，宿州地域普遍多雨水，积涝成灾，其中泗县、灵璧的南部地区受灾较重，秋粮减收，导致是年冬至次春饥荒。

1879年（清德宗光绪五年）

水灾：夏秋，宿州地域多雨，低洼地区涝渍成灾，秋粮减收。

暴风：春，宿州地域的萧县、砀山地区出现沙尘暴，飞沙走石，拔树毁屋，甚而引发火灾，造成损失。

1880年（清德宗光绪六年）

水灾：夏秋之间，宿州地域连遭数场大雨，河道宣泄不及，滞留低洼地区积水成灾，浸渍庄稼减收。

旱灾：春夏之交，宿州地域久旱无雨，普遍遭遇旱灾，麦子收成受影响，春苗枯萎。

火灾：九月二十一日，宿州城南门口发生大火灾，延烧数百家。

1881 年（清德宗光绪七年）

水灾：夏，宿州地域的灵璧、泗县及邻边地区连遭大雨，积涝成灾，稍微低洼些的地区，平地水深二、三尺，秋季作物受淹减收。

1882 年（清德宗光绪八年）

水灾：夏，宿州地域中东部的埇桥、灵璧、泗县地区多雨，其中连续数场大雨，宣泄不及，低洼地区多有数尺不等的积水，淹浸庄稼，秋粮减收近半。其中西部的萧县、砀山地区虽有些涝渍，但受灾较轻。

1883 年（清德宗光绪九年）

水灾：夏秋，宿州地域及周边地区淫雨连月少有间止，河渠湖塘水满涨溢，加之豫东客水过境，河道宣泄不畅，洪涝叠加，低洼之地积水数尺乃至丈余，平地亦有积水尺余，庄稼多被淹浸，秋粮大幅减收，多地甚而绝收，酿成大饥荒。

1884 年（清德宗光绪十年）

旱灾：夏，宿州地域久旱无雨，普遍遭遇旱灾，秋粮减收。

1885 年（清德宗光绪十一年）

水灾：夏，宿州地域多雨水，低洼之区积水，涝渍成灾，庄稼受淹浸减收。

旱灾：夏秋之交，宿州地域又是久晴无雨，遭遇旱灾。

地震：冬，宿州地域发生有感地震，地声如雷鸣，自西北来，接着发生地震，有房屋倒塌现象出现。震中在何地，震级多大？不详。

1886 年（清德宗光绪十二年）

旱灾：夏秋，宿州地域久旱无雨，普遍遭遇旱灾。

蝗灾：夏秋间，宿州地域的埇桥及邻边地区发生蝗灾。

1887 年（清德宗光绪十三年）

水灾：夏，宿州地域多雨水，渍涝成灾，低洼地区庄稼受淹浸减收。

1888 年（清德宗光绪十四年）

水灾：夏，宿州地域多雨水，大雨经旬，河渠湖塘漫溢，低洼地区积水数尺不等，庄稼被淹浸，秋季大幅减收。

旱灾：秋，宿州地域的泗县、灵璧及周边地区发生大旱灾。

1889 年（清德宗光绪十五年）

水灾：夏秋，宿州地域及周边地区淫雨连旬，积涝成灾，低洼田地多有积水，涝渍淹损庄稼。

1890 年（清德宗光绪十六年）

水灾：夏秋，宿州地域多雨水，积涝成灾，加之豫东地区大雨水，客水过境，宿州地域境内河道浅涩，宣泄不畅，导致水灾，低洼地区多有积水，淹浸庄稼，秋粮减收。

1891 年（清德宗光绪十七年）

水灾；是年夏秋之间，自六月下旬，宿州地域及周边地区淫雨连旬不止，积涝成灾，加之豫东、苏北客水过境，宿州地域低洼地区多有积水，淹浸庄稼，秋粮歉收。

旱灾：初夏，宿州地域及周边地区久旱无雨，普遍遭受旱灾，夏种无墒，影响秋粮收成。

1892 年（清德宗光绪十八年）

水灾：夏，宿州地域及周边地区雨水偏多，积涝成灾，加之豫东客水过境，宣泄不及，低洼田地多有积水，淹浸庄稼，影响收成。

1893 年（清德宗光绪十九年）

水灾：夏秋之间，宿州地域及周边地区，间有大到暴雨，积水难排，加之豫东客水过境，宣泄不畅。洪涝成灾，低洼地区尽被水淹，庄稼受淹浸，大幅减收。

酷寒：冬，宿州地域连续降雪十余日，后又遭遇酷寒，河渠湖塘皆冰冻数寸乃至近尺，可以行人，冬麦、树木多冻伤、冻死。

1894 年（清德宗光绪二十年）

水灾：夏秋，宿州地域多雨水，积涝成灾，淹浸庄稼，秋粮歉收。

暴风：春，宿州地域的萧县、砀山地区遭遇暴风大雨袭击，合抱粗的大树被风刮倒，许多民宅被毁。

蝗灾：夏秋间，宿州地域的灵璧、泗县地区遭遇蝗灾，飞蝗遮天蔽日，禾苗被啃食仅剩光杆，秋季作物收成受影响。

1895 年（清德宗光绪二十一年）

水灾：秋八月，宿州地域及周边地区大雨连绵，积水难排，低洼田地多有积水，秋季作物受淹浸失收。

1896 年（清德宗光绪二十二年）

水灾：初夏，宿州地域多雨水，正值麦子扬花季节，连遭大雨，积涝成灾，淹浸伤麦不得灌浆结实，严重失收。夏秋间又是连阴雨，秋季作物受淹渍减收。

旱灾：春，宿州地域久旱无雨、天气寒凉，普遍遭遇旱灾，影响麦子成长，也不得及时春播。

1897 年（清德宗光绪二十三年）

水灾：夏五、六月间，宿州地域及周边地区，大雨连旬不止，正值麦收期间，平地水深尺余，低洼地区麦子无法收割，霉烂在田，纵是已收上场，也因阴雨无法晒打，导致霉变。至初秋又是阴雨连绵，加之豫东客水过境，宣泄不及，低洼地区水深数尺不等，平地行舟。洪涝叠加，秋禾俱被淹浸，大幅减收。午秋二季皆失收，故而酿成大饥荒。

旱灾：春夏之交，宿州地域的埇桥及邻边地区发生旱灾影响春种。

蝗灾：春夏之交，宿州地域的埇桥及邻边地区发生蝗灾。

1898 年（清德宗光绪二十四年）

水灾：夏秋，宿州地域及周边地区连遭大雨，积涝成灾。五月中，麦子收割在即，豫东客水已到，平地水深三四尺，低洼地区则是数尺乃至丈余，许多村舍被洪水围困，麦子烂在田里，其中以灵璧、泗县地区受灾最重。入秋又是淫雨不止，河湖渠塘水涨漫溢，淮河漫溢横流，秋季作物多被淹浸失收，酿成大饥荒。

旱灾：春，宿州地域的灵璧、泗县及邻边地区发生旱灾，影响春种。

1899 年（清德宗光绪二十五年）

水灾：夏秋之交，宿州地域及周边地区连遭大雨积涝成灾，加之豫东客水过境，宣泄不及，低洼地区多有积水，秋季作物被淹渍，收成受影响。

旱灾：春夏之交，宿州地域久旱无雨，普遍遭遇旱灾，影响春季播种。

蝗灾：春夏之交，宿州地域的埇桥、灵璧地区发生蝗灾。

1900 年（清德宗光绪二十六年）

地震：冬十月，江苏灌云县发生 4 级地震，受其影响，宿州地域中东部的埇桥、灵璧、泗县有震感。

1901 年（清德宗光绪二十七年）

暴风：春二月中旬，宿州地域遭遇大风沙尘暴袭击，大风拔树毁屋，沙尘扑面，土雾弥空，天降泥雨，竟日不止。

1902 年（清德宗光绪二十八年）

蝗灾：六、七月间，宿州地域的埇桥、灵璧地区发生蝗灾，啃食庄稼，影响收成。萧县、砀山和泗县地区局部发生蝗灾，受害较轻。

1903 年（清德宗光绪二十九年）

水灾：夏，宿州地域雨水偏多，局部低洼地区涝渍成灾，淹损庄稼，影响收成。

1905 年（清德宗光绪三十一年）

水灾：秋，宿州地域及周边地区连降大雨，河湖渠塘水涨漫溢，低洼地区积水难排，深达数尺不等，秋季作物多被淹浸损伤，秋粮大幅减收。

旱灾：夏，宿州地域久晴无雨，普遍遭遇旱灾。

1906年（清德宗光绪三十二年）

水灾：自夏初至秋，宿州地域及周边地区淫雨连绵，少有间止，灵璧、泗县、萧县、砀山地区从四月初至七月底多达110多天或近四个月的连阴雨。埇桥从五月初至七月底亦是九十多天或近百天的连阴雨，积涝难排，再加上豫东、苏北客水过境，洪涝叠加、沟满渠平，河湖俱涨，平地水深数尺，低洼地区水深丈余，平地行舟，水围村舍，庄稼大多被淹没，或遭渍浸。午季仅有半数左右收打进仓，秋粮几近绝收。

暴风：春二月中旬，宿州地域的灵璧、泗县遭遇暴风袭击，拔树毁屋，历时三昼夜不息。

饥荒：连年水灾，加之是年大水灾，宿州地域民户家中几无存粮，是年又几近绝收，粮食奇缺，酿成大饥荒。草根树皮食之殆尽，官府虽加赈济或设粥棚施救，终是无济于事，灾民卖儿卖女，数十万灾民流离失所，饿殍遍野，枕藉相望，大批灾民逃难他乡，乞讨度命，真是惨不忍睹。

1907年（清德宗光绪三十三年）

旱灾：夏，宿州地域及周边地区，久旱无雨，普遍大旱，河沟渠塘干涸，人畜饮水困难，庄稼枯萎，秋粮严重减收。

1908年（清德宗光绪三十四年）

水灾：秋，宿州地域的埇桥、灵璧、泗县及邻边地区多雨水，积涝成灾，淹浸庄稼，秋季大幅减收。

暴风：四月，宿州地域的萧县、砀山地区遭遇暴风袭击。五月，泗县亦遭遇暴风袭击。大风刮起，飞沙走石，人难站立，拔树毁屋，受害严重。

1909年（清宣统元年）

水灾：夏秋，宿州地域及其周边地区自五月至七月淫雨连绵少有间止，河渠湖塘水涨漫溢，河滩及平原低洼地区积水数尺不等，即将收割的麦子漂没或沤水霉烂。加之豫东、苏北客水过境，河道宣泄不及，淮河漫溢，洪涝夹击，埇桥、灵璧、泗县南部一带平地水深数尺，可以行舟，庄稼多被淹没或渍浸伤死，绝收或大幅减收，收获者不及常年一二成。

旱灾：自春至初夏，宿州地域数月无雨，普遍遭遇大旱，麦子成长受影响，春种无墒无法播种，影响收成。

地震：冬十一月下旬，黄海中发生6.75级强震。受其影响，宿州地域全境震感强烈。

1910年（清宣统二年）

水灾：夏秋，宿州地域及周边的整个皖北苏北地区普遍遭遇特大水灾，是年五月间，大雨兼旬，积涝难排，周边上游客水过境，洪水来袭，河湖涨溢，洪涝夹击，平地皆是汪洋，低洼地区水深数尺乃至丈余。六月下旬暴雨连日，流急浪涌，洪水冲破宿州城郊秦家古汴河旧堤，水漫城西关吊桥二尺有余。灵璧、泗县南部因淮河漫溢顶托，平地水深数尺，电话杆上挂水草。村舍被水围困，民舍倒塌多多，庄稼多被淹没浸渍，几近绝收。

蝗灾：宿州地域的埇桥及周边地区发生蝗灾，蝗虫飞起遮天蔽日，所过之处，禾苗尽为所食。

饥荒：秋冬至次年春，宿州地域因连年遭受特大水灾及旱灾，粮食所收无几，难以度日，故而酿成大饥荒，树叶草根食尽，只好乞讨流浪，卖儿卖女有之，病饿死者有之，饿殍露野、枕藉相望，死者当数以万计，仅宿州地域就有数十万灾民流徙他乡。

1911年（清宣统三年）

水灾：夏，宿州地域及周边地区，大雨兼旬不止，积涝成灾，淮河猛涨，多处溃决，泛滥成灾。宿州地域中东部的埇桥、灵璧、泗县地区古汴堤以南遍地汪洋，平地水深数尺，庄稼尽被淹没淹死。古汴堤以北地区稍次，但亦因积涝难排，濉水泛滥，低洼地区积涝淹浸庄稼，影响收成。萧县、砀山受水灾相对较轻。

九、民国时期

1912 年（民国元年）

水灾：五月，宿州地域的埇桥因豫东来洪客水过境，河湾地和低洼地区积水，庄稼被淹浸，影响收成。灵璧县是年五月淫雨连绵，低洼地区积水深二尺左右，庄稼受淹浸，麦收受影响。同期灵璧和泗县南部低洼地区亦受豫东来洪客水过境影响，庄稼受淹浸，影响秋季收成。是年底腊月大年三十，泗县打雷下暴雨。

1913 年（民国二年）

旱灾：春夏间，宿州地域的埇桥区泗县及灵璧局部地区从四月中至立秋间，久旱无雨，发生大旱灾，庄稼枯萎。午秋二季收成俱受影响。

蝗灾：夏，宿州地域的灵璧及与灵璧接壤的埇桥、泗县局部地区发生蝗灾，蝗虫铺天盖地，庄稼被啃食成灾。

风灾：四月，宿州地域的埇桥、灵璧、泗县地区正是麦子灌浆期间，遭遇干热风袭击，连续 18 天干热风，麦子干枯粒瘪，多数只有二成左右的收获，严重的亩产仅有五六斤，还不够种粮。

1914 年（民国三年）

水灾：宿州地域灵璧县自七月中旬至九月初淫雨连绵，遭遇连阴雨，涝渍成灾，南部低洼地区水深三尺有余，秋季作物受淹浸，大幅减收。埇桥、泗县局部地区遭遇洪涝灾害。

旱灾：夏，宿州地域的萧县、砀山地区雨水偏少，遭遇旱灾，秋季作物因旱减收。

蝗灾：五月，宿州地域埇桥及灵璧的局部地区遭遇蝗灾，蝗蝻并生，遍野都是，秋季作物受害减收。

1915 年（民国四年）

旱灾：夏秋间，宿州地域各县久旱无雨，普遍遭遇旱灾，秋季作物枯萎，因旱减收。

蝗灾：夏秋间，宿州地域各县在遭遇旱灾的同时，又发生蝗灾，危害秋苗。

雹灾：夏秋间，砀山西部地区发生大雨冰雹灾害，砸伤庄稼。

1916 年（民国五年）

水灾：夏秋间，宿州地域全境大雨连绵，积涝成灾，尤以埇桥、灵璧、泗县的南部靠近淮河地区水灾最重。低洼地区积水严重，庄稼被淹没或淹浸。

疫病：夏秋间，宿州地域的埇桥、灵璧及泗县、萧县等地局部地区霍乱流行，百姓死亡无数。

1917 年（民国六年）

水灾：秋冬之间，宿州地域中东部的埇桥、灵璧、泗县地区遭遇连阴雨，从八月中旬至十一月中旬，连续三个月左右少有间止，涝渍严重，秋收秋种都受影响。

地震：正月初二，受安徽霍山 6.25 级地震影响波及，宿州地域全境震感强烈，屋内器物摇动有声。

1918 年（民国七年）

旱灾：春夏间，宿州地域中东部的埇桥、灵璧、泗县地域久旱无雨，普遍遭遇旱灾，麦子春种都受影响。

1919 年（民国八年）

旱灾：夏秋间，宿州地域的灵璧、泗县地域久旱无雨遭遇大旱。

1920 年（民国九年）

蝗灾：秋，宿州地域的萧县、埇桥局部地区发生蝗灾，伤害禾苗。

1921 年（民国十年）

水灾：黄淮地区于是年夏秋间普遍遭遇大水灾，尤以淮河流域受灾最重。宿州地域全境都遭遇大水灾。埇桥区和灵璧地区自五月开始，淫雨不止，至八月中旬少有间止，泗县则是自五月至九月少有间止，涝渍成灾。七月间，豫东客水来洪过境，淮河漫溢，宣泄不及，洪涝加剧，平地水深数尺。麦收仅二成，秋季作物全部被淹，许多地方秋粮几近绝收，损失惨重。

1922 年（民国十一年）

旱灾：秋、宿州地域全境普遍遭遇大旱灾，连续近两个月滴雨未下，秋季作物多半旱死。

1923 年（民国十二年）

旱灾：夏秋间，宿州地域灵璧、泗县地区，久旱无雨，遭遇旱灾。

1924 年（民国十三年）

水灾：宿州地域的砀山及萧县地区于夏季遭遇水灾，大雨连绵，积涝成灾，秋季作物受淹减收。

旱灾：春，宿州地域的灵璧、泗县地区久旱无雨，遭遇旱灾，影响春种和麦子成长。

地震：春二月，受徐州地区 3.25 级地震影响波及，宿州地域全境有震感。

1925 年（民国十四年）

水灾：夏秋间，宿州地域的砀山、萧县地区连降大雨遭遇水灾，秋季作物受淹渍减收。

旱灾：宿州地域的萧县、埇桥地区于春夏间久旱无雨，普遍遭遇旱灾。

1926 年（民国十五年）

水灾：秋，宿州地域的砀山、萧县及埇桥、灵璧和泗县北部的局部地区连降大雨，连绵月余不止，低洼地区积水数尺，排泄不及，积涝成灾，淹浸庄稼，秋季作物受淹、严重失收。

旱灾：春夏间，宿州地域的埇桥，灵璧地区遭遇旱灾，麦子减收大半，春种无墒，不能及时播种。

冰雹：五月中旬，宿州地域的砀山县大部分地区遭遇暴雨冰雹袭击，已成熟尚未收割的麦子被砸，损失不少，秋季作物禾苗被砸倒伏，亦影响收成。

蝗灾：夏，宿州地域的砀山地区发生蝗灾。

1927 年（民国十六年）

旱灾：春夏间，宿州地域的埇桥、灵璧及泗县局部地区久旱无雨，遭遇大旱，麦子减收，春种亦受影响。

地震：二月，受黄海地域 6.5 级大地震影响，宿州地域全境有明显震感。

1928 年（民国十七年）

水灾：秋，宿州地域的萧县、砀山地区连降大雨，积涝成灾，秋季作物受淹渍浸害，影响收成。

旱灾：是夏至初秋，宿州地域全境遭遇大旱灾，各地三个月间基本无雨，禾苗枯萎，赤地千里，大部地区农作物收获量仅在二成左右。

蝗灾：六月，宿州地域的砀山、萧县、埇桥地区发生蝗灾。

酷寒：冬，宿州地域连降大雪，平地雪深尺余及至更深，气温降至零下二十度或更低，为历年所少见。许多树木被冻死。

1929 年（民国十八年）

旱灾：夏秋间，宿州地域及周边地区久旱无雨，普遍发生特大旱灾，经旬连月无雨，禾苗枯萎，秋季作物受影响减收。

蝗灾：夏初，宿州地域普遍发生蝗灾。

地震：腊月除夕之夜，宿州地域埇桥区东北部发生 5 级地震。宿州地域全境有明显震感（注：此次地震，当时报纸有报道，《江苏地震志》有记载，灵璧县志记为 1928 年，日期相同，恐为年代时间记误）。

1930 年（民国十九年）

水灾：夏秋之交，宿州地域的萧县、砀山地区雨水偏多，连续百日左右，少有间止，积涝成灾，低洼地区平地水深数尺，淹浸庄稼，秋粮失收。

旱灾：夏，宿州地域的灵璧、泗县地区久旱无雨，遭遇旱灾。

1931 年（民国二十年）

水灾：夏秋，宿州地域全境遭遇特大水灾，自五月中旬开始连降大雨，其后淫雨连绵，至八月初方才渐止，积涝难排。其间又有豫东客水涌至，河湖水涨漫溢，淮河倒灌，平地水深数尺，可以行舟，低洼地水深数尺至丈余不等，洪涝夹击渍浸庄稼，许多田园被淹没，村舍被洪围困，宿城西关吊桥没于水，麦季仅收三成左右，秋季作物有的绝收，大多仅收一二成。

1932 年（民国二十一年）

旱灾：夏，宿州地域的砀山、萧县及埇桥、灵璧的局部地区久旱无雨，普遍遭遇旱灾，禾苗受旱枯萎，影响秋季收成。

蝗灾：夏，宿州地域的萧县、砀山地区发生蝗灾。

瘟疫：夏秋之交，宿州地域的泗县，霍乱流行，死亡逾万人。

饥荒：春，宿州地域各地因连年水旱灾害袭扰，粮食大幅减收，户无存粮，去岁特大水灾，几近绝收。灾民无果腹之粮，只好以野菜、树叶树皮草根、水草充饥，待这些东西被搜食殆尽，只有或是饿病待毙，或是流徙他乡，乞讨活命，饿殍遍野，枕藉相望，惨不忍睹。

1933 年（民国二十二年）

水灾：夏秋间，宿州地域的萧县、埇桥、灵璧及砀山、泗县的局部地区连降大雨，低洼地区积水难排，淹没庄稼，涝渍成灾，秋季作物减收。

1934 年（民国二十三年）

水灾：秋，宿州地域及周边地区连降大雨，积水难排，低洼地区多被淹没，形成渍涝，影响麦子适时播种。

1935年（民国二十四年）

水灾：秋初，宿州地域及北邻徐州地区连降大雨，积水难排，低洼地区全境被积水淹没，涝渍成灾，影响秋季收成。其中萧县、砀山受灾尤重。

雪灾：冬十一月，宿州地域连降大雪，平地雪深尺余，局部地地雪深二尺以上，天气酷寒。

1936年（民国二十五年）

旱灾：秋，宿州地域连续三个月不雨，酿成大旱，禾苗枯萎，严重影响秋季收成，亦影响秋季麦子播种。

雹灾：夏初，宿州地域的萧县遭遇大雨、冰雹袭击，冰雹积厚多达尺余，麦子被砸死，严重失收，受灾严重。

蝗灾：秋，宿州地域大旱，并遭遇蝗灾。

1937年（民国二十六年）

水灾：夏秋间，宿州地域的埇桥、灵璧地区连降大雨，低洼地区积涝成灾，淹浸庄稼，影响收成。

雹灾：夏，宿州地域的埇桥地区遭遇大雨、冰雹袭击。

蝗灾：夏，宿州地域的萧县、砀山地区发生蝗灾。

地震：八月一日，受山东菏泽7级地震影响，宿州地域全境震感明显。

1938年（民国二十七年）

水灾：夏秋，宿州地域多雨水，涝渍严重，加之国民政府军为阻滞日本侵略军南进占领开封，于六月九日在郑州花园口决堤，以黄河洪水阻挡日军南进步伐。滚滚洪水直泄东南豫东、皖北和苏北地区，宿州地域全境都受波及，尤以埇桥、灵璧、泗县地区受灾严重，黄水淹没庄稼，围困村舍，冲毁房舍，损失惨重。

冰雹：四月，宿州地域的泗县遭遇大雨冰雹袭击，冰雹大如鸡蛋，砸坏禾苗，麦子被砸倒伏。

1939年（民国二十八年）

水灾：秋，宿州地域的砀山及萧县局部地区暴雨成灾，积涝淹浸庄稼，低洼地区秋季作物大幅减收。

旱灾：宿州地域的萧县及砀山、埇桥的局部地区春季无雨，遭遇旱灾。

1940 年（民国二十九年）

旱灾：春夏间，宿州地域的砀山及萧县局部地区连续三个月左右无雨，遭遇大旱。禾苗枯萎，小麦亩产仅二三十斤，春种无墒，秋季作物亦受严重影响。

1941 年（民国三十年）

水灾：夏，宿州地域的灵璧及埇桥、泗县的局部地区大雨成灾，低洼地区积水淹浸庄稼，秋季作物减收。

1942 年（民国三十一年）

旱灾：夏秋，宿州地域及周边地区干旱少雨，禾苗受旱萎黄，秋季作物收成大受影响。

1943 年（民国三十二年）

水灾：夏，宿州地域多雨水，淫雨连绵，加之豫东黄泛区客水过境，淮河漫溢顶托，洪涝夹击，宿州地域低洼地区全被淹，庄稼多被浸渍淹死，大幅减产。

1944 年（民国三十三年）

水灾：夏，宿州地域大雨成灾，河湖漫溢，尤以近淮河的埇桥、灵璧、泗县的局部地区因淮水猛涨，漫堤或溃决，豫东黄泛区来洪过境，洪涝相侵，低洼地区积水数尺，庄稼被淹，秋季作物减收严重。

1945 年（民国三十四年）

水灾：夏秋，宿州地域多雨水，积涝难排，加之豫东黄泛区客水过境，低洼地区多积水，庄稼被淹，影响收成。

冰雹：春末，宿州地域埇桥北部地区遭遇大雨冰雹袭击，麦子春苗多被砸伤倒伏，影响收成。

蝗灾：春夏间，宿州地域的砀山及萧县局部地区发生蝗灾，蝗虫过境铺天盖地，禾苗叶茎被啃食殆尽，影响收成。

1946 年（民国三十五年）

水灾：夏秋，宿州地域及周边地区普遍遭遇大水灾，大雨连绵，积水宣泄不及，低洼地区全被积水淹浸，河湖沟渠漫溢，许多村庄被洪水围困，房舍被冲毁，庄稼受淹，大幅减收。

蝗灾：夏，宿州地域全境发生严重蝗灾。

1947 年（民国三十六年）

水灾：夏秋间，宿州地域及周边地区普遍遭遇大水灾，连降大雨，积涝成灾，庄稼失收。

蝗灾：秋，宿州地域全境普遍发生蝗灾。

1948 年（民国三十七年）

水灾：秋，宿州地域及周边地区阴雨连绵，长达两月左右，少有间止，积涝难排，平地积水，低洼地积水数尺不等，河湖俱涨，漫溢溃决，田园淹没，村庄多被洪水围困，房舍多被冲毁，成熟待收的秋粮霉烂，秋种无法及时播种。

1949 年（民国三十八年）

水灾：夏秋之间，宿州地域连降暴雨，积涝难排宣泄不及，湖河沟渠涨满漫溢，多处溃决，低洼地区积水数尺不等，淹没庄稼，水困村舍，一片汪洋，人畜淹溺无数，损失惨重。

参考文献

二十四史·五行志·河渠志．北京：中华书局，1974.

清史稿·灾异志．北京：中华书局，1978.

袁祖亮．中国灾害通史．郑州：郑州大学出版社，2009.

鲁枢元，陈先德主编．黄河史．郑州：河南人民出版社，2001.

邹逸麟主编．黄淮海平原历史地理．合肥：安徽教育出版社，1993.

淮河大事记．北京：科学出版社，1997.

赵明奇等主编．徐州地区自然灾害史．北京：气象出版社，1994.

另外，本书引用了宿州市和所辖县区及周边市县如淮安、宿迁、徐州、淮北、阜阳、蚌埠等与宿州接壤的地区明清以来的州、府、县旧志中《灾异志》（或《祥异志》）、《蠲赈志》及当代市县编纂的地方志等相关历史资料，恕不一一详列。

后　记

时值暮春子夜，空气温馨宜人，窗外一片静寂，正是读书人伏案读写或静思的好时候。当我看完最后一页书稿意识到这最后一校已告结束时，不禁长舒了一口气，一桩心事总算了结，精神上也顿觉释然轻松了许多。

黄淮地区自古以来就是一个自然灾害多发频发的地域，地处其间的宿州市亦然。作为长期生活工作服务于斯地的我们，更是深有所感。多发频发的自然灾害，严重制约了宿州地域的经济社会发展，致使本地域向以贫困落后而名闻于省内外。尽管宿州人民筚路蓝缕、世代相承，曾在防灾、抗灾、减灾方面做出了不懈的努力，并取得了优异的成绩和惊人的进步，但却未能从根本上彻底解决这一难题，完全甩脱贫困的帽子，至今宿州市所辖的四县一区依然是国家级贫困县和省级贫困区。然而令人遗憾的是不要说宿州市广大人民对本地域自然灾害历史了解不多，就连平时对自然灾害关注度较高，了解研究较多的本市农业、水利、气象和地震等相关部门，除了对中华人民共和国成立以来的本地域各种自然灾害发生的状况了解相对多些，资料积累也较为详细点以外，对民国以前数千年来宿州地域各种自然灾害发生状况也是知之甚少，更不用说摸清把握历史上宿州地域各种自然灾害多发频发的脉络规律和世代宿州人民抗击各种自然灾害的实践经验，鉴古知今，从中汲取经验教训和力量养分了。有鉴于此，我们觉得很有必要在这个方面做一些相应的研讨，整理点资料，贡献一点绵薄之力，以期为宿州人民进一步了解本地域自然灾害史，也为各级党政领导及有关方面进行科学决策提供咨询参考，制定更加科学合理的抗击各种自然灾害的方案措施，努力构建一个生态和谐、共生共荣的新世界，推助宿州地域经济社会更加快速发展。

关于《宿州地域自然灾害历史大事记》课题的酝酿选定，已有数年之久。前期主要是留心搜集相关的历史典籍、资料及地方史志和全国或地域性的灾害史专著，进行认真的研读检索，积累素材。自2016年仲春着手整理编写成稿，而后再进行反复多次地校改补充，润色完善，历时一年有余，才形成定稿送交出版社审编出版。需要指出的是在此书的编纂过程中，得到了宿州市政府分管农业的副市长李朝辉的认可关注与热情支持；宿州市档案局地方志办公室的领导和具体负责同志给予了有力的支持与精心的指导；宿州职业技术学院的主要领导也很重视，并为之提供了诸多方便。

书稿虽已交付，但忐忑惶恐之意犹在。因资料匮乏和编写者学识水平所限，遗漏错讹之处在所难免，企望学者方家和读者予以斧正指教为盼。

编　者

2017年4月

图书在版编目(CIP)数据

宿州地域自然灾害历史大事记/张鹏程,张登高主编.—合肥:合肥工业大学出版社,2017.8

(宿州历史文化丛书)

ISBN 978-7-5650-3529-6

Ⅰ.①宿… Ⅱ.①张…②张… Ⅲ.①自然灾害—历史—大事记—宿州 Ⅳ.①X432.543

中国版本图书馆CIP数据核字(2017)第217087号

宿州地域自然灾害历史大事记

张鹏程 张登高 主编 责任编辑 朱移山

出 版	合肥工业大学出版社	版 次	2017年8月第1版
地 址	合肥市屯溪路193号	印 次	2017年11月第1次印刷
邮 编	230009	开 本	710毫米×1010毫米 1/16
电 话	人文社科编辑部:0551-62903310	印 张	9.75
	市场营销部:0551-62903198	字 数	141千字
网 址	www.hfutpress.com.cn	印 刷	合肥添彩包装有限公司
E-mail	hfutpress@163.com	发 行	全国新华书店

ISBN 978-7-5650-3529-6 定价:28.00元

如果有影响阅读的印装质量问题,请与出版社市场营销部联系调换。